ヒューマン・エラーとのつきあいかた
建設現場の災害事例から学ぶ

労働安全コンサルタント
笠原秀樹 ● 著

鹿島出版会

まえがき

「人は誰でも誤りをおかすものである」と言ったのは、古代ローマの賢人キケロで、続けて「誤りを続けるのは、愚か者のみである」と言いました。

近代社会での人の誤りは、個人的誤りだけではなく人が機械や巨大なシステムに組み込まれて誤りをおかすことがあります。

ヒューマン・エラー（human error）は、直訳すれば人間的な誤りですが、ぼーっとしていたような状態でおかす誤りのことで、あまり良い結果を表す意味には使いません。

労働災害の原因には安全設備の不備以外に人間のエラー（誤り）の存在があります。

「エラーとは、達成しようとした目標から、意図せずに逸脱することになった、期待に反した人間の行動」（黒田勲）で、何かの基準に照らして大きく外れているのが誤りといわれます。

ヒューマン・エラーの定義には「システムによって定義された許容限界を超える一連の人間行動」（Swain）や「予め課せられた機能を人間が果たさないために生じるもので、その人間を含むシステムの機能を劣化させる機能があるもの」（正田亘）などがあります。

本書ではより理解しやすい言葉で「ヒューマン・エラーとは自分でやろうと意図したわけではないが、本来なすべきこととずれてしまった事象」とします。

(参照 ★ヒューマン・エラーって何だ)

ヒューマン・ファクターという言葉をよく聞きます。ヒューマン・エラーとどこが違うのでしょうか。

ヒューマン・ファクター（human factor）の確立した定義はないのですが、解釈を2つ紹介します。

「人間にかかわる多くの学問領域での知見を、システムの安全性や効率向上に実用的に活用しようとする総合的学問／技術の体系」（全日本空輸(株)、ANA）

「機械やシステムを安全に、しかも有効に機能させるために必要とされる、人間の能力や限界、特性などに関する知識の集合体」（黒田勲）

2つ合わせると、何となく姿が見えてきます。

ヒューマン・ファクターは、人間と機械等で構成するシステムが安全かつ効率的に目標達成するための人間に必要なさまざまの要因であり、ヒューマン・エラーより広義に理解されます。

全日本空輸(株)では、ヒューマン・ファクターを、現場の作業管理から組織のマネジメントまで含めて体系的に捉える総合的で実用的な学問の体系を表す用語として、複数形のヒューマン・ファクターズ（human factors）を使用しています。

本書では全体的にはヒューマン・ファクターの考え方ですが、ヒューマン・エラーのほうが言葉として理解しやすく、身近なこととして捉えられる言葉と考え、ヒューマン・エラーを使います。

第1章「ヒューマン・エラーの諸相」では、ヒューマン・エラーや災害防止にまったく関係のないことが書いてあると思うかも知れません。

第2章「ヒューマン・エラーを防ぐために」では、災害事例をもとに原因（why）と予防を考えてみました。

第3章「まとめ」では、ヒューマン・エラーの防止と分類をまとめました。

ヒューマン・エラーは人間なら誰でもあり得ることです。
難しい話ではない、こんな一見役立ちそうにない話が、ある時あなたとあなたの仲間をヒューマン・エラーによる事故・災害からきっと逃してくれる、そう信じています。

> **★ ヒューマン・エラーってなんだ？**
> 山止め工事の作業をしていたAさんが、横矢板を入れようと急に身をかがめた時、尻が後ろの鋼材に当たってAさんは前のめりになり、根切り底へ転落してしまいました。
> ケガをしたくて仕事をする人はいません。しかしこの事例のように、結果として墜落災害になってしまうこともあります。Aさんは土止め杭の間に横矢板を入れようとしていました。しかし、後ろの鋼材と土止め杭の間が狭いことを忘れて、つい勢いよくかがんでしまったのでしょう。
> ヒューマン・エラーとは、このように**＜自分でやろうと意図したわけではないが、本来すべきこととずれてしまった事象＞**をいいます。
> 人間はどんなにベテランでも、自分で気をつけたつもりでも、また自信があっても、思いこみや錯覚や疲労などから間違い（エラー）をします。

本書では主な法律名を下記のような、略した呼び方にしています。
　○労基法……労働基準法
　○安衛法……労働安全衛生法
　○施行令……労働安全衛生法施行令
　○安衛則……労働安全衛生規則
　産業安全の分野では、事故と災害を区別しています。

人の被害を伴った場合を災害と呼び、人の被害を伴わない場合のみ事故と呼びます。たとえば、現場で移動式クレーンが横転した時、横転しただけなら事故、横転時に人を死傷させたような場合は災害です。両方なら事故・災害です。

本書では、災害と事故を原則として使い分けていますが、交通事故や航空機事故など社会一般に使われている場合は、その言葉を使っています。

前掲の「★ヒューマン・エラーってなんだ？」のように、アミカケ部の文章は、拙著「ストップ・ザ・ヒューマン・エラー100」（鹿島出版会）からの転載です。

目　次

まえがき　*3*

第1章　ヒューマン・エラーの諸相

第1節　身近な存在のヒューマン・エラー ───── *14*
1. 「もしかしたら」と「まさか」　*14*
2. 人は誰でも間違える　*16*
3. 安全な手すり高さ　*18*
4. 後に残らぬことごと　*20*
5. 危険な安全標識？　*21*
6. 関係者以外立入禁止の「関係者」ってだれ？　*23*
7. 思い込みが交通事故に　*24*

第2節　企業の姿勢とヒューマン・エラー ───── *26*
1. 忙しくて時間貯蓄銀行は大繁盛　*26*
2. 社長は企業の心の代表　*28*
3. 利益第一・品質第二・安全第三　*29*
4. 忘八社会の企業倫理　*31*
5. 「労災かくし」は組織風土　*32*
6. 誰のための労働安全　*33*

7. 安全費1パーセント運動　*34*
8. アンパンマンの正義　*36*
9. ワンアウト・チェンジ　*37*
10. さおだけ屋はなぜ潰れないか　*39*
11. 死んだらアカンぞ！　*39*

第3節　安全管理とヒューマン・エラー ───── *42*

1. ギャンブラーの誤謬　*42*
2. 「フィンランド症候群」って何？　*44*
3. 危ないかもね　*45*
4. 墜落は不注意からか　*46*
5. 大切な手指を守ろう　*47*
6. QCDSの順番は　*49*
7. 安心で安全管理　*51*
8. リスクは危険のことか……外来語の誤解　*52*
9. 職長に公的資格の付与を　*54*

第4節　マニュアル管理とヒューマン・エラー ───── *56*

1. それは「恥」ではないか　*56*
2. 思いもよらないことなのか　*58*
3. マニュアルと暗黙知　*59*
4. 勘と経験と度胸だ！　*60*
5. ディズニーランドのマニュアルは（行動手順と行動規範）　*62*

第5節　航空・鉄道に学ぶヒューマン・エラー防止 ───── *64*

1. 災害事例に学ばない　*64*
2. 至極当たり前のこと　*66*

3. 安全は予定に優先する……カンタス航空　*67*
　4. ヒューマン・パフォーマンス　*69*

第6節　自ら防ぐヒューマン・エラー ―― *71*
　1. 後ろ歩きの名ガイド　*71*
　2. 校庭を芝生で覆いたい　*72*
　3. 自助7・互助2・公助1　*73*
　4. 「たまたま」と「いつも」　*74*
　5. 「おはよう」の挨拶をしていますか　*76*
　6. 失敗学のすすめ　*77*
　7. 「面倒くさい」をなくす方法　*79*
　8. 大安吉日・仏滅吉日　*80*
　9. 社員教育と難民救済　*81*

第2章　ヒューマン・エラーを防ぐために

　1. 階段で転ぶのは老人だけではない　*84*
　2. トラックの荷台は危ないところ　*86*
　3. 台付りワイヤーロープで玉掛けしていませんか　*87*
　4. 脚立が可搬式作業台（たちうま）になっても　*89*
　5. 人は近道が大好き　*91*
　6. 切れない携帯用丸のこは使うな！　*93*
　7. 大腿部切創その時……救急法を学ぼう　*94*
　8. 敷き鉄板は重量物　*95*
　9. 鉄筋（差し筋）の先端は凶器　*97*
　10. 足指の災害……安全靴の使用　*99*
　11. そこで新聞が読めますか……照度70ルクス　*101*

12. 作業中の携帯電話、どうしていますか　*103*
13. 手指の挟まれは、ヒューマン・エラー？　*105*
14. たった1秒のタイムラグが……アーク溶接機の電撃防止装置　*108*
15. 足場板は天秤にするな！　*110*
16. 3点タッチの励行！　*111*
17. 重機のカウンターウエイトに挟まれる　*113*
18. 重機は死角が多い　*115*
19. 手袋に手を入れ五指を広げ見る　*117*
20. 保護眼鏡を使っていますか　*118*
21. 思い込みと勘違い　*120*
22. 足が滑れば体で済むが、舌が滑れば金がいる　*122*
23. 手元足下注意　それだけ？　*123*
24. 足を踏み外すということ　*124*
25. 挟まれ・巻き込まれ　*126*
26. 安全十則を知っていますか　*127*
27. 「ガラスは割れない」の神話　*128*
28. 波形石綿スレート屋根は脆い……踏み抜いて墜落　*129*
29. つり荷に引きずられて墜落　*131*
30. 「春一番」は暴れ者　*132*
31. つりクランプは便利な道具ですが……正しい使い方と知識を　*134*
32. 自動車は死亡災害の第3位！　*136*
33. 隠れ床開口部から踏み抜き　*138*
34. コンクリートブロック塀が倒れた　*140*
35. 工事中のエレベーター開口で墜落　*140*

36. 土砂崩壊で人が埋まった！　*142*
37. 枠組み足場のユニット組み払いは安全か　*144*
38. 不良部材は、即返品のルールを　*147*
39. 枠組み足場の「魔の三角形」　*149*
40. つり荷は落ちるもの　*151*
41. 安全帯の安全（1）（取付設備）　*153*
42. 安全帯の安全（2）（カラビナ）　*154*
43. 安全帯の安全（3）（フルハーネス）　*156*
44. 鉄骨建方の隠れた災害　*157*
45. 雨の日の墜落転落　*159*

第3章　まとめ［ヒューマン・エラーの防止と分類］

1. ヒューマン・エラーの防止　*164*
2. ヒューマン・エラーの分類　*164*

あとがき　*167*

本文中のイラスト画作成：岩山 仁

第1章
ヒューマン・エラーの諸相

第1節　身近な存在のヒューマン・エラー

　ヒューマン・エラーを防止するのは難しいことですが、「人は誰でも間違える」ことを知り、間違えないように少しばかりの安全知識をもち社会の約束事を守ることで減らすことが可能です。
　労働災害から自分の身を自分で守ることは当たり前のことで、日本の職人さんの社会では昔から「ケガと弁当は手前もち」という諺があります。
　横断歩道を渡る時、車がまったく来なくても信号が変わるまで待つことなど、社会は決められたルールをみんなが守ることで成り立っています。こんな身近で当たり前のことが、あるときヒューマン・エラーからあなたを守ってくれます。

1.「もしかしたら」と「まさか」

　米国の高速道路の工事写真を大きく使った、日本の建設機械メーカーの新聞の1頁広告がありました。3車線のうちの1車線を閉鎖して道路の補修をしています。日本でも見慣れた光景ですが、少し違うのです。工事中を示すカラーコーンを並べた内側に、1個0.5tほどのコンクリートブロックをすきまなく並べて、工事現場と車の流れをきっちりと分けています。ブロックの内側では、作業者が安心して仕事をしている様子が写真から伝わってきます（次頁のイラスト参照）。

コンクリートブロックは、長さ1m、高さ60cm、上部20cm、底部60cmほどのブロックで、塗装はなく頂部にはつり上げ用フックが付いています。米国の道路工事の基本的な姿勢は、ドライバーが工事標識等に気づかないことがあるので、万一車が現場に突っ込んでも作業者の安全を守るというのでしょう。

一方、日本の道路工事の現場は、カラーコーンとパイプのバリケードで囲われ、現場の少し手前には「工事中」の大きな標識があって、誘導員の合図（夜間は照明）でドライバーは気づくという考えです。

ここに、米国では「もしかしたら」と備え、日本では「まさか」と考える、危機管理の考え方の違いが現れています。この「まさか」がヒューマン・エラーにつながります。

危機管理の原則は、常に最悪の事態を想定し備えることです。

　たとえば、AさんとBさんがいて、今日の天気予報は雨だが、出がけに晴れていたとします。Aさんはこの空模様なら「まさか、雨は降るまい」として傘は持たずに出かけます。傘を持つことはけっこう面倒なので、Aさんはできれば持ちたくないと考えます。これに対してBさんは、「もしかしたら」と考え、傘を持って出かけます。天気予報は当たらないこともありますが、急な雨で濡れるのは避けたいし、折りたたみ傘ならかさばらないと思っています。Bさんの「もしかしたら」の考えでは、結果としての対策（＝傘を持つこと）を実施する必要があり、手間（費用）がかかります。

　社会に広く普及している各種の保険や安全率の考えは、「もしかしたら」の考えで成り立っています。コンクリートブロックのバリアでも大型の車が高速で突入すれば阻止できず、その割に手間と費用がかかります。でも、コンクリートブロックとパイプのバリケードを比較した時、どちらがより作業者を守れるでしょうか。

　最近の建設業の原因別重大災害（一度に死傷者数3人以上）発生状況では、道路交通事故が最も多く、死傷者数は全体の約61％（5年間平均）です。

　道路工事では、工事関係者に起因する災害だけではなく、車に対する「もしかしたら」の対策が必要です。

2．人は誰でも間違える

　近年、日本でも航空機による不祥事が多発しています。2001年には旅客機同士の衝突寸前のニアミスがありました。主な原因は、訓練生の航空管制官が便名を取り違えて指示を出し、指導役の管

制官も誤りに気づかなかったことですが、管制官と航空機の機長との間でも意思疎通の不足があったようです。ヒューマン・エラーの典型的な事例です。

航空管制官へのヒヤリハットのアンケートでは、

① 反応能力不足、単純ミス、注意不足（例：便名を読み違えた）30％
② パニック、忘却、繁忙時健忘症（例：注意されたことを忘れた）23％
③ 自分勝手、想定外の他人への対処（例：隣の人への質問が指示ととられた）17％
④ 思い込み、思考停止（例：根拠なくその空域はあいていると思った）15％
⑤ 過信、慣れ、非定常時の対応不足（例：いつもの誘導路を使った）13％

でした。（「失敗百選」中尾政之著）

日本の航空管制官試験は非常に難しく、高度な訓練と優秀な人材で運用されていますが、それでもヒューマン・エラーは発生します。

「人間は間違いをするもの」という意識をもつことが、自分で間違いを見つける、仲間が間違いを見つけることにつながります。そして、間違いを見つけたらすばやく修正することです。

人は誰でも間違えます。そのため、社会は少しでも誤りが少なくなるようにさまざまな工夫をしています。

★ ヒューマン・エラーをゼロにすることはできないが……

私たちの脳は、どんなに優れたコンピュータにもできない優れた能力をもっています。しかし、その優れた脳の構造が、かえって私たちの間違い

（エラー）を引き起こしていると言われます。それはあることに関する情報が不足していても、脳が過去の経験や知識をもとに自分の都合の良いように、瞬時に類推し、判断するからです。

ある研究によると、人間が間違える確率は、たとえば、電話のダイヤル回しで20回に1回、単純な繰り返し作業で100回に1回と、意外に高い確率なのです。

しかし、その割に人間社会がうまく機能しているのはなぜでしょう。

それは私たちが人間は誤りを犯すことを経験的に知っていて、間違えても自分で気がつき、そのほとんどを修正処置しているからなのです。そろばんや電卓で見積計算などをする場合、人を替え、順番、方法を替えて何度もチェックします。1回の信頼度は小さくともチェックを繰り返すことで信頼度は向上します。

誤りを見つけるには3つの方法があります。

① 自分で見つける
② 周囲の仲間が見つける
③ 結果による発見

です。

私たちが間違いを犯すとき、その意識はありません。結果として間違いということがあとでわかるのです。

間違いによる災害を防ぐには、3つの方法をフルに使ってできるだけ早く間違いを見つけて直すことです。

3. 安全な手すり高さ

先日都内のコンサートホールに出かけました。収容人員2,150人の大ホールで、2・3階では客席が舞台に向けて急な勾配で階段状に傾斜し、客席最前面の最下段が客席通路となっています。通路端部には舞台の視野を妨げないようにガラスの手すり壁があり

ます。しかし、高さ75cmと低く、非常時に上方から観客が殺到した時、手すりを越えて墜落・転落の恐れがあると感じました。音楽会に行っても仕事が顔を出す貧乏性に、われながらあきれています。この手すり高さ75cmは法令違反ではありませんが、舞台をガラス越しに観る席の観客には不評のようです。

集合住宅の手すりから子供が転落することがあります。日経ホームビルダー誌の実験結果では、4～6歳児ではどこかに足を掛ければ建築基準法規定の1.1mの手すりを容易に越え、14cmのすきまがあれば簡単に通り抜けられるというのです。手すりのすきまに法規定はありませんが、6歳以下の子供に危険の判断能力はないでしょう。

優良住宅部品認定基準（BL基準）では、集合住宅の手すり高さは1.1m以上、すきまは11cmの球が通過できないこと、足元部分は9cm以下としていますが、コストアップとデザインの自由度がないとの理由で、設計者は採用を避けるといいます。手すり高さが合法であっても、幼い子供たちは大人の想像を超えて行動し転落します。

労働安全法令には、高さ2m以上の墜落の恐れある箇所には、高さ75cm以上の手すりを設ける規定（安衛則563条1項3号）がありますが、(財)仮設工業会の「墜落防止設備等に関する技術基準」や、多くのゼネコンの社内規定では95cmとしています。75cmの高さは一般的な事務机の天板の高さですから、大人の立ち姿勢で重心より下にあり、手すりには不安感があります。

手すりは、ヒューマン・エラーによる高所の床や階段などの端部からの墜落・転落による事故・災害から、人を守る重要な役割を果たしています。

手すりを計画設置する際は、法規定をもとに最悪の状態を想定

して、高さや形状を決める必要があります。事故が起きてからでは取り返しがつきません。

4. 後に残らぬことごと

　映画「たそがれ清兵衛」（山田洋二監督）の話です。清兵衛の家のセットには、映画には映らないところにまで気配りが行き届いていました。米やみそをしまう場所がきちんと作ってあり、いつでも取り出せるようになっていました。朝起きて顔を洗い、便所に行き、米をとぎ炊くための水をどうするかなど、俳優とともに清兵衛一家の毎日の生活を追い、当時の人の暮らし方を確認することで、演じる人も演出する人もイメージをつかんでいったのです。

　「大切なのは映るか映らないかではない。俳優がセットに入ってきた瞬間、気持ちが切り替わり、納得して役に入り込めるような世界を創っておく。それが美術の役割」と山川三男美術監督は言います。

　新米の頃、現場で教わった忘れられないことがあります。工事開始の準備で敷地の周囲に仮囲いを組み、きれいに塗装をしました。仕事が終わった頃所長が見に来て「このペンキ屋はどこだ」と聞きます。「〇〇塗装店です」と答えると「こんな仕事をするようでは、本工事は任せられないな」と言うのです。歩道面には仮囲いに沿って、ペンキの垂れた跡が醜く残っていました。所長の帰ったあと、皮すきと溶剤、ウェスで歩道のペンキの跡を懸命に落としました。所長は、仮設だからといって道路の養生もせずに塗装し、掃除もしないことへの気配りのなさを教えたのです。

　建設工事でも仮設と安全のための設備は、無事工事が完成すれ

ば何も残りません。それでもゼネコンの現場マンは、映画「たそがれ清兵衛」のセットのように、仕事に来る作業者が安心してよい仕事ができるようにと、足場や安全施設、標識、照明設備、揚重・運搬、明日の天候、ヒューマン・エラー防止、朝礼での話題からプランターの植え替えまで、毎日懸命に気配りをしています。

「よい仕事をして、無事故無災害で過ごしたい」現場マン誰もの願いです。

5. 危険な安全標識？

現代社会には生活の中にさまざまな形で危険が存在します。危険の情報を伝達し回避する方法の1つに安全標識があります。

安全標識は、国や言語、年齢、経験などを越えたすばやい理解

が可能なように、一般に記号や絵文字（ピクトグラム）を使っています。

たとえば、人の大勢集まる建物では必ず目にする非常口のピクトグラムは、緑色地に白抜きで人が出口に駆け出すもので、デザイン的にも優れたわかりやすいものです。

非常口や道路標識は、日本全国で統一されていますが、安全標識は統一標識がありません。日本の安全標識には日本工業規格（JIS）が定めた標識がありますが、使われず、建設業ではその他に中央労働災害防止協会（中災防）や建設業労働災害防止協会（建災防）、建設会社などが個々に決めた標識があります。しかし、標識業者が独自に描いたものを使うことが多く、また、製造業など他産業との共通性も全国的な統一もありません。

国際的基準の1つにISOがあります。○は禁止・指示、△は注意、□は案内・説明と形状には一体性がありますが、日本では○は肯定、△は否定と肯定の中間を表すなど、EU圏以外への民族的配慮がありません。また、世界的には米国等のISOを採用していない国もたくさんあります。

1995年に中央労働災害防止協会が提案した安全標識は、日本人になじみやすい優れたデザインですが、PRが不足しており、あまり普及していません。

安全標識は職場の安全に重要なものという認識と関心を高め、統一モデルの早期使用が望まれます。

あなたが使っている安全標識は安全ですか。安全標識でヒューマン・エラーなど、あってはならないことです。

6. 関係者以外立入禁止の「関係者」ってだれ？

　安衛法の規定には、「立入禁止」と「関係者以外立入禁止」の2種類があります。

　「立入禁止」は禁止が絶対条件で、クレーンなどのつり荷の下や上部旋回体接触部、地山の掘削、落石、酸欠箇所などおよそ20件です。

　これ以外は「関係者以外」の条件つきで、型枠支保工や鉄骨、橋梁、エレベーターなどの組立架設など37件あります。

　ところで、この「関係者」とは誰のことでしょうか。

　関係者を明確に規定したものはありません。同一現場内で働く作業者は、すべて自分は工事関係者だと思っていますから、この禁止標識の効果は疑問です。このような規定のあいまいさがヒューマン・エラーにつながります。

　たとえば、「立入禁止」はネットなどで囲んで物理的に阻止するなど、容易に立入困難な方策や警備員の配置を行います。

　「関係者以外立入禁止」では、標識と並べて「関係者」の名前と顔写真を掲示し、あいまいな関係者を特定します。

　また、墜落の恐れがある箇所は、立入禁止以前の問題として労働者が墜落しない措置、囲いや手すり、覆いなどを設け危険を防

がなくてはなりません。道路や工事現場等など出入口の立入禁止看板に、花や動物のイラストをつけているものを見かけますが、緊張感を欠き不適切です。

　「立入禁止」の標識は、必要な箇所に目立つように確実に取り付け、作業が終われば標識は速やかに撤去し解放します。これが「立入禁止」のルールです。

　「政府は外務省関係者の処分を決めた……」という新聞報道がありました。この「関係者」とは誰のことかと思いました。

7. 思い込みが交通事故に

　(財)交通事故総合分析センターは、豊富なデータをもとに交通事故の分析と対策をインターネットで公開しています。

　それによると、「どんなミスで交通事故を起こすのか」では、事故の73％は運転者が危険や異常を見落とした認知ミスです。事故が最も多いのは交差点で、原因は思い込みです。交差点では、いつでも相手車が一時停車する、あるいは滅多に車が来ない、他の人は信号無視をしない、自分は優先道路だから相手は止まるものと思う、などがあります。

　また、一事故におけるミスの回数は、当事者1人あたり2〜3件あり、言い換えれば事故を回避できたチャンスは2〜3回あったことになります。このことから、車の運転では安全指向の判断予測で「防衛運転」に心がけるべきとしています。

　「思い込み」による災害は、熟練作業者に多くみられることで、ヒューマン・エラーの典型的な事例です。

★ ペア、相棒、コンビ、仲間

　私たちの仕事は組織で動いています。組織は1人では成立しません。最小単位は2人、ペアなのです。そして一番身近な組織が夫婦です。ですから夫婦は社会の最小単位なのです。

　1人でヨーロッパ旅行をして一番困るのは、レストランに1人では入りにくいことだといいます。食事というのは会話を楽しみながらするものという考えからでしょう。会話は1人ではできません。

　私たちのまわりでもパトカーのお巡りさん、飛行機の機長と副操縦士、ダイビングのバディ、大統領と副大統領、社長と副社長など社会の要となる仕事や危険を伴う仕事は、必ずペアになっています。

　私はいつも現場では「1人作業」はできるだけしないようにお願いしてきました。とくにピット内作業などは、必ず複数で行うように呼びかけてきました。ペアで仕事をすると、思い込みや自分勝手な見込み判断などのヒューマン・エラーを互いに早期に発見し、災害を防ぐことができます。

　仕事上のペアはできるだけ性格の違うほうがよいといわれます。自分では気のつかないことを指摘してくれるからです。しかし、ペア同士は何でも言いあえる雰囲気が必要です。だから大先輩と新入りでは良いペアにはならないのです。

　連絡・調整も個人同士よりペアで行ったほうがうまくいくようです。ペアが集まって組織となり、個人では決してできないような大きな力を出します。

　組織の最小単位のペアからヒューマン・エラーをなくしていけば、それは組織としての災害防止に大きな力になります。あなたもぜひペアを組みましょう。

第2節　企業の姿勢とヒューマン・エラー

　ヒューマン・エラーは個人だけに起因して発生するものではありません。社会や組織の仕組みがヒューマン・エラーを誘発し、大きな事故・災害となることがあります。

　大企業の工場でのガス爆発や大規模火災の発生、リコール隠しなど次々と事故・災害が発生しています。原因の背景には安全管理に対する経営トップの姿勢や企業風土があります。組織の中でどのように労働安全を確保していくのかを探ります。

1.　忙しくて時間貯蓄銀行は大繁盛

　ミヒャエル・エンデが1973年に書いた物語「モモ」を、岩波少年文庫で読み返してみました。歳を重ねてから読んだほうが断然おもしろい本です。

　町はずれの古代円形劇場の跡に住む不思議な少女モモの話です。町の人はモモにただ話を聞いてもらうだけで幸せな気持ちになりました。そんな町に灰色の男たちという時間泥棒がやってきます。

　「『時間がない』『ひまがない』……こういう言葉を私たちは毎日聞き、自分たちでも口にします。けれども、これほど足りなくなってしまった『時間』とは一体何なのでしょうか。機械的にはかることができる時間が問題なのではありますまい。そうではな

く、人間の心の内の時間、人間が人間らしく生きることを可能にする時間、そういう時間が私たちからだんだん失われてきたようなのです」。これはモモの翻訳者大島かおり氏のあとがきの冒頭部分です。

現代の日本は、時間がなく、ひまがなく、忙しいので、人は本を読まず、物事を深く考えず、自らの意見をもたず、長期展望もなく、心が貧しい金銭主義になり、順法精神に欠けて次第に社会は荒廃傾向に向かって行きます。

日本経済は「失われた10年」からようやく脱却し、景気は回復しゼロ金利も解消しました。しかし、建設業の就業者数は、バブル経済崩壊後から緩やかな減少傾向が続き、技能工の不足が顕著となってきました。

ある労働組合協議会の時短アンケートでは、ほぼ40時間で推移してきた残業時間が21世紀に入ってから上昇を続け、最近では平均で61.5時間（内勤37.7時間、外勤82.9時間）という異常な状況です。現場では土曜閉所は2割程度で、都心の超高層ビルや工場建

築では24時間体制は当たり前ということです。短い時間で完成させれば、短縮した時間が経済効果として買われたことになります。

　物語「モモ」には、このような短縮された目に見えない時間を、時間貯蓄銀行なるものへ預けるよう言葉巧みに誘い、その奪った時間で生きている灰色の男たちが登場します。景気の回復とともに工事量はますます増え、受注競争はコストだけではなく工期短縮にも及び、工場建設では10年前に10カ月かけたものをいまや6カ月で作らなければならないといいます。4割の短縮ですから工法変更では間に合わず24時間体制は当然のことでしょうが、多忙による建設物の不備・不良や労働災害の増加が懸念されます。ヒューマン・エラーの発生が高まっています。

　現場で働く作業者が懸命に短縮した時間は、灰色の男たちに奪われて決して戻らないのです。

　ミヒャエル・エンデは「時間とは生きるということそのものなのです。そして、人の命は心を住みかとしているのです」と言います。

2.　社長は企業の心の代表

　近ごろ、企業の経営トップが不祥事のお詫びの席上で、報道カメラに向けて揃って頭を下げている場面をテレビなどでしばしば見かけます。

　いまは社長の企業統治能力が問われています。大手銀行合併時のシステム障害、乳業会社の食中毒事件、自動車メーカーのリコール隠し、牛肉偽装、大規模な工場火災・ガス爆発、粉飾決算、耐震強度偽装、ビジネスホテルチェーンの違法改造、エレベーターのドアが開いたまま上昇したことによる死亡事故など、企業

による事故や災害が切れ目なく現れます。

　社長は企業の最高責任者で組織運営の代表者ですが、同時に「企業の心の代表」です。社長は経営者である前に、人間としてどうあるべきかが問われているのです。

　あなたの会社の社長は、今年の年頭挨拶で労働安全に触れたでしょうか。労働安全に確固たる信念があるでしょうか。安全週間に現場をまわってきたでしょうか。安全担当部門を尊重しているでしょうか。現場を大切にしているでしょうか。

　社会は社長に「企業の心の代表」として、安全に対する本当の考えが聞きたいのです。社員は社長にお詫びで頭を下げてもらいたくないのです。

　経営トップの安全に関する確かな信条が、ヒューマン・エラーを減少させるのです。

　作家の幸田真音氏は「組織はトップに立つ人間の器を超えてまで大きくはならない」と言います。

3. 利益第一・品質第二・安全第三

　企業は社会の中で機能するもので、その目的の基本は、社会の必要に適切に対応し、社会を満足させることにあります。しかし、日本では企業の目的が利益追求に偏っています。経済大国といわれた時代がありましたが、経済以外の価値に明確な意識をもたず、何ごとも価値判断をもうかるか否かではかり、倫理観が欠けていました。このことは最近の社会の一連の不祥事に現れています。

　TQC（総合的品質管理）の名残で、いまだに管理手法として使われているQCDS（品質・コスト・工期・安全）のうちで、利益にかかわらないのはS、安全だけで、利益追求する企業にとっ

てSの存在は疎ましいのです。企業は安全週間や年度末になると、全社をあげて安全活動を行います。社会の手前、ポーズは安全第一ですが、現実は利益第一、安全第三なのです。

労働安全の目的は、働く者の安全と健康を守ることで、基本は労働災害発生の防止にあります。しかし、災害が発生しても型どおりの安全集会、社内通達とその場限りの対策を行って一件落着です。災害が発生しても、保障は労災保険と上乗せ保険でまかない、多くの場合企業の経済的損失は少ないのです。

労働災害をなくすには、経営トップが何よりも安全を優先するという確固たる信念をもって、日常の言動で繰り返し発言することです。

いまから100年前のこと、USスチールのゲーリー会長は工場の事故・災害の多発に悩んでいました。そこで、経営陣の大反対を押し切って、それまでの社是「生産第一・品質第二・安全第三」の前後を入れ替え「安全第一・品質第二・生産第三」としました。

その結果、事故・災害が大きく減少し、品質、生産ともに大きく向上しました。安全第一がすべてを第一に押し上げたのです。ゲーリー会長の働く人への優しさが、働く労働者に伝わったのです。

経営者、管理者、職長などの管理者が働く人を大切にしている組織は、事故・災害やヒューマン・エラーが発生しにくいといわれます。社会は常に変化していて、文明国といわれる国では、安全に対する考え方は日進月歩しています。

しかし、現実は100年前の「生産（利益）第一・品質第二・安全第三」ではないでしょうか。

そんな企業はいずれ社会から必ず抹消されてしまうでしょう。

> **★ 3つの愛……三愛**
>
> 　銀座四丁目交差点に、円筒形の銀座三愛ビルがあります。このビルは東京オリンピックの前の年、昭和38年の竣工です。当時は曲面ガラスと広告塔が一体となった斬新なデザインが話題になりました。
>
> 　三愛という社名の由来は、リコー三愛グループの創業者である市村清氏の経営理念「人を愛し、国を愛し、勤めを愛す」から3つの愛をとって名づけられたものです。
>
> 　リコーは、われわれの仕事には欠かせない図面の複写機リコピーで知られています。市村さんは、「現代は物質中心で人の質を問わない世の中だ。しかし物、それをつくる技術は、すべて人の力によって生み出されることを知ってほしい」と言いました。3つの愛から人の力のすばらしさが生まれることを言いたかったのでしょう。
>
> 　私たちは仕事に、愛を忘れてはいないでしょうか。

4. 忘八社会の企業倫理

　あるとき、中小建設業の若手経営者に労働安全について話す機会がありました。

　その時の質問で「安全管理が大切なことはわかるが、いまの時代は利益第一で考えなければ会社が存続しない」と言われ、とっさに返す言葉が見つかりませんでした。

　忘八とは、「仁、義、礼、智、忠、信、孝、悌」の8つを失った者のことで、忘八社会は、倫理意識や感覚、社会的拘束や規制を放棄した自堕落、無秩序、得手勝手の非道の社会をいいます（「仏音」高瀬広居著）。広い心を持ち、筋道を通し、人を敬い、真心と英知と信義など、人として守らねばならない人倫のことです。

　社会の中で存在する企業は、そこに働くさまざまな人の思想行動がある種の共通目的を持ち、知識・技術を次世代に伝承します。

そこに企業文化が生まれ、根底には共通の価値理念が存在します。

昨今、大企業ばかりではなく行政までが、不正を隠したり、法を欺いたりしていることは、この国の文化程度の低さを表しています。そこにある共通の価値観は利益最優先であり、人を大切にすることを忘れた忘八社会の倫理です。

島津製作所は、明治時代に「日本の進む道は科学立国」という高い理念を掲げて創業しました。人を育てることに熱心な社風と高い経営理念、企業文化はノーベル賞受賞社員田中耕一氏を生み出しました。しかし、当時同社の決算は2期連続の赤字で無配でした。

経営トップが忘八社会を脱して、人を大切にし、効率と競争に基づく利益追求一辺倒の価値観を見直すことが、新しい経営理念であり企業と文化を存続させる方法ではないかと思うのです。労働安全は、人を大切にする心から生まれます。

5.「労災かくし」は組織風土

多くの企業で次々と「隠しごと」が露見しています。六本木ヒルズで大型回転ドアに挟まれた6歳児死亡事故では、これ以前に32件の類似事故があり、また、走行中の大型トレーラーのタイヤが外れ、通行中の主婦を死亡させた事故でも、構造欠陥がある112,000台のリコール隠しが発覚しました。

企業や組織による「隠しごと」の存在は、日本企業等に思考・行動・意志決定のもととなる経営哲学や理念が組織文化として定着していないことを意味しています。

組織文化と区別されるものに組織風土があります。これは組織の中で長年にわたり形成された暗黙のルール・習慣が、その組織

内でしか通用しない価値観となり代々引き継がれ、責任回避、依存、問題意識をもたない、物事を考えずに判断する(前例主義)という内部的には心地よい体質に成熟したものです。

このような風土を、組織の構成員は皆で維持に努めますから、組織としての文化は育たず「隠しごと」は組織防衛として当然のことになります。また、この組織風土はヒューマン・エラーを生み出す土壌にもなります。

「労災かくし」という、何ともやりきれない思いの言葉があります。

厚生労働省は「労災かくし」は犯罪であるとして、その排除に重点的に取り組んでいますが、建設業ではその組織風土から容易に改善しません。

建設業の組織風土から組織文化への変革を、まずは「労災かくし」をなくすことから始めてはどうでしょうか。

「労災かくし」は企業として恥ずべき行為で、元請け、下請負人ともに法的・社会的・道義的・経済的制裁を受け、被災者等も肉体的・精神的負担と給付補償が遅れ、得をするものは誰もいないのです。

6. 誰のための労働安全

ゼネコンの安全講習では、安全法令を中心とするので、企業防衛的な内容になりがちです。そこでゼネコンの現場マンへの話では、「朝に現場へ仕事に来た作業者を、夕べに同じ姿で家に帰すことを忘れないで欲しい」という言葉を最後に添えますが、意外に多くの方が共感を示してくれます。

大きな労働災害が発生すると、元請けは被災者とその家族への

救済・支援を行うとともに、法違反の責任と補償費用、指名停止などへの影響を調べます。再発防止への原因究明と災害情報、対策を関係各所へ周知して一件落着です。

被災者を雇用する事業者の多くは2次・3次の下請負事業者で、安衛法上の事業者責任がありますが、自らには教育・指導の能力もなく、作業者の教育指導等を1次事業者や元請けに依存しています。しかし、1次事業者が仕事のすべてを2次、3次下請負業者と請負契約をしている場合、1次事業者は安衛法上の事業者とはならず法的措置義務を負いません。

被災した作業者の多くは、体が元手ですから少しの怪我でも仕事に差し支え、休めば賃金はもらえません。死亡災害となれば遺族はその日から生活に支障をきたし、労災保険が唯一の頼みとなります。

安衛法違反による送検は、建設業では年間400件以上ありますが、その約7割は下請事業者によるものです。

日本の刑法は、法人を罰する規程がありませんが、安衛法には両罰規程があり被疑者とその法人、代表者を罰することができます。しかし、重くても6カ月以下の懲役または50万円以下の罰金ではあまりにも軽いのです。

現場では安全大会などの行事がたびたび開催されるでしょう。そんな時、ヒューマン・エラーの防止や労働災害防止活動の本当の意味を、いま一度考えて頂きたいのです。

「あなたの安全活動は、誰のためですか」

7. 安全費1パーセント運動

あなたの工事で見積・契約書には、安全費があるでしょうか。

どんな産業でも、労働安全衛生法に基づいた安全施設や安全教育など、安全管理を行うにはそれなりの費用がかかります。

　しかし、不思議なことに多くの建設工事の契約時の内訳には安全費がありません。それは工事費が安全費込みの値段という曖昧な解釈がなされてきたことによるようです。発注者からみれば、責任施工である請負契約ですから、工事を安全に施工し引き渡すのは当然のことという考えがあります。

　現場を運営する実行予算書には、元々ないところから安全費を計上するのですが、その割合はわずかで多くは込みの予算で分散せざるを得ません。

　元請けが下請負工事業者に発注する際も、安全費は計上しないので、下請けの安全意識は向上せず、いつまでも元請けに依存することになります。

　安衛法は元方事業者責任（特定）と事業者責任を明確に分けていますが、法規定を遂行するための予算の裏づけがないのです。

　事故災害が発生すると、マスコミに報道され社会的制裁を受け、公共工事の指名停止を受けることがあり、企業の評価制度である経営事項審査にも工事安全成績は反映されます。安全費が契約書にない現状でこれらを行うことは、バランスを欠いた措置と思います。

　災害に多くの割合を占める「不注意」によるものを、ヒューマン・エラーで片づけるのではなく、組織的な安全教育を行うのは必須のことです。そのため、安全に対する組織的な取り組みと安全対策、継続的学習や安全文化などへの積極的支援が大切で、実施には安全費が必要です。

　工事費の1パーセントの安全費とは、1億円の工事なら100万円、10億円なら1,000万円で、まずは妥当な値と思います。

1パーセントという数値よりも、安全問題の基本である安全費の重要性を認識し、契約時に計上して欲しいのです。

8. アンパンマンの正義

　子供にいまも人気のアンパンマンは、漫画家やなせたかし氏によって約40年も前に誕生しました。同じ頃、月光仮面やスーパーマン、ウルトラマンなどが誕生しましたが、いずれも「正義の味方」を掲げていました。

　正義とは、人として行うべき正しい道のことですが、社会全体の秩序を実現し維持する社会の正義と、国家としての正義があります。

　作家の堺屋太一氏は、日本の国家としての正義は、戦前は「勤勉と忠勇」、戦後は「効率、平等、安全」であると言っています。しかし、堺屋氏の言うように戦後の正義に「安全」があるならば、近年の大企業にみられる大規模なガス爆発、火災、食中毒、リコール隠し、耐震強度偽装などの発生を、どう説明するのでしょうか。

現代社会は国家の正義も社会正義も同義でしょう。効率・平等・安全のうち、安全は企業活動では建前として使われ、本音はいつも利益優先でした。企業は「経済の利器」であると同時に「社会の公器」であることを、決して忘れてはならないのです。

タイヤ工場の火災で、操業再開に際し、地元消防本部の幹部は「品質管理、工程管理と同じような高度な管理を、防火や安全でも実施してほしい」と、含みのある発言をしていました。

やなせたかし氏はこんなことを言っています。「本当の正義の味方なら、敵をやっつけるよりまず子供を助け、飢えている人に食べ物を与えるはず。そんな思いで作ったアンパンマンですが、実に弱い。水に濡れるだけでヘナヘナ。正義って弱いものなのです」。

でも、現場マンは正義の味方、「ヒューマン・エラーをやっつけろ!」。

9. ワンアウト・チェンジ

子供は何度も失敗をして、失敗しない知恵を自ら学んで行きます。しかし、保護者が危ないことを禁止したり、先回りして保護したりして、失敗を体験しないで成長した子供は、ボールが突然目前に飛んできても避けることを知りません。保護者からみればよい子に育ちますが、自分の身を自分で守ることができないままで成長します。その子供たちがいま建設現場で働き、高さ1.8mの脚立から足を滑らせてもとっさに手が出ず顔面から落ちて大怪我をしました。

経営実績がすべてである米国企業で、経営危機の対処として経営者のワンアウト・チェンジが行われたことがありましたが、近

頃では日本の建設現場にも及んでいます。

　最近の現場所長は年齢が若く、品質・コスト・工期・安全・環境などマネジメントシステムのマニュアルどおりの管理を行い、管理部門の管理・指示を受け竣工に向けて努力します。しかし、現場は計画どおりには動かないうえ工事の進捗は早いのです。小さな失敗を見逃したり措置を間違えたりすると、たちまち失敗は拡大します。すると、一度の失敗で所長交代＝ワンアウト・チェンジです。

　野球のルールの基本は、3回アウトを出せば攻守交代となります。野球のおもしろさはツーアウトからと言われ、多くの逆転の名場面が生まれました。

　失敗をすれば、してはならないことだけではなく、何をすべきだったかがわかるのですが「失敗は成功の母」などという言葉はもはや死語になり、社会の仕組みから消えたようです。

　現代では仕事はすべて成功することが求められ、それが当たり前だと信じられています。失敗の存在しない社会では、失敗をしてもなかったことにしたいと、ためらうことなく「Delete（削除）」キーを押します。動きが早い現代社会では、失敗を許す余裕がないのでしょう。しかし、消された負の累積は、ボディーブローとして後から確実に効いてきます。

　さて、組織の中で何かの間違いで、一度もアウトを経験しないものが生き残り、経営トップとなり、自らの失敗でつまずき倒れた時、自ら手を出して自らの組織を守ることができるでしょうか。

　ある安全マネジメントシステムの解説に、人は必ず間違えることを認めると、ヒューマン・エラーは存在しないとありましたが……。

10. さおだけ屋はなぜ潰れないか

「さおだけ屋はなぜ潰れないか」（山田真哉著）という、読んでみようかと思わせるうまいタイトルの本があります。会計学をやさしく解いたものですが、中に著者が会計学を勉強するきっかけを作った師匠（メンター）と呼ぶ学習塾経営者の話があります。

地方の40人ほどの高校受験学習塾でアルバイトをしていたとき、院長と呼ばれる経営者に「学習塾の経営で成功するために、一番大切な要素は何ですか」と聞いたことがありました。すると院長は「生徒の安全だよ」と答えたのです。誰もが考える生徒数や合格者数、授業料、講師の質ではなく、人命が最も大切だというのです。

なぜ「生徒の安全」なのかについての説明はありませんが、学習塾の院長が教育者として最も大切なことは生徒を愛することだからではないかと思うのです。学習塾の経営、教育、安全という一見脈絡のないように見える中に、院長の「生徒の安全」という確かな信条が輝いて見えます。

振り返って、いま建設業の経営と現場運営の最も大切な基本姿勢は何でしょうか。

「建設業の経営で成功するために、一番大切な要素は何ですか」

11. 死んだらアカンぞ！

夏休みになると子供の水の事故による悲報が聞かれます。それらの多くは災害事例の教訓が生かされない繰り返し型の災害です。子供を亡くした両親の姿を報道で見るにつけ、やりきれない思いがあります。

夏休み前に必ず「死んだらアカンぞ！」と絶叫していた校長先生の話が、毎日新聞のコラム「余滴」に紹介されていました。その話を寄せた方は、「当時は変なことを言う先生だと思っていましたが、いまにして重い言葉だったんやなと感じます」と述べていました。

その校長先生は以前に悲しい思いをされて、二度と繰り返さないために毎年夏休み前に生徒の前で「死んだらアカンぞ！」と絶叫されていたのでしょう。

安全関係で大変有名な実話に「1万人の1人」があります。

ある製鉄会社の28歳の社員が労働災害で亡くなりました。工場の労務部長が社員の社宅にすぐに弔問に訪ねると25歳の奥さんは泣いてうなだれ、お悔やみを述べても何の反応もありません。そこで労務部長は、また出直すことにしようと席を立ちかけると、奥さんはふと顔を上げ「工場では何人の人が働いていますか」と聞きました。「1万人です」と答えると奥さんは「工場にとって主人の死は1万人の中の1人を失っただけですが、わが家では、私は……人生のすべてを失ってしまいました」と言いました。この言葉に労務部長は大きな衝撃を覚えました。いままでは産業活動のあるところ、ある程度の労働災害はやむを得ないことで、会社の度数率や強度率をできるだけ低くするのが自分の務めと思ってきましたが「1人1人かけがえのない人なのだ、労働災害は絶対にあってはならない」と心底から悟ったといいます。

ところで、建設業の労働災害による死亡者数は500人を割りました。平成9年以前は、年間1,000人を超える死亡者数でしたから、年平均で約50人ずつ減少したことは画期的なことです。

しかし、年間500人という数の重さをいま一度見直して頂きたいのです。

1年は365日ですが、祭日や年末年始、夏期休暇と悪天候による作業不能日を除けば、建設業の年間稼動日数はおよそ200日でしょう。年間死亡者数を稼動日数で除すれば、2.5人／日となり、今日も全国のどこかの建設現場で2.5人もの作業者が亡くなっています。

　年間約500人の作業者の死によって悲しむ人の数はその何倍にもなり、社会的損失は大きいのです。景気が回復し仕事量が増え、低額受注、工期短縮、24時間作業現場の増加、作業者の不足など労働条件は次第に悪化し、死亡者数は増加に転じる恐れがあります。

　建設業では、毎年の事故災害目標値を具体的でわかりやすい死傷者数ではなく、わかりにくい度数率や強度率で表します。「今年の死傷者〇〇人以内、死亡者ゼロ目標」などは、具体的な数値では縁起が悪くて口にできないというのです。

　でも校長先生が生徒に絶叫したこの言葉を重く受け止めて、いま皆で勇気を出して言ってください。

　「死んだらアカンぞ！」

　この言葉を高所作業でふと思い出し、いつもは使われなかった安全帯を使ったとしたら……。ヒューマン・エラー防止は、難しい理屈ではなく、日常の行動の中で何気なく行われるのが理想です。

第3節　安全管理とヒューマン・エラー

　安全管理は事故・災害を予測し予防するための組織としての手段です。しかし、組織としての安全管理は企業防衛的傾向に偏りますから、安全設備が優先し、費用対効果がすぐに見えない教育は後回しとなります。作業者の不注意による労働災害（ヒューマン・エラー）は、個人の問題だけではなく安全管理の問題として、組織の立場で対応しなければいつまでも解消しません。

1.　ギャンブラーの誤謬

　毎年その日は決まって晴れるという気象特異日があります。現場を担当していた頃、手帳とカレンダーに1年間の気象特異日をマークして、土工事やコンクリート打設など計画の参考としていました。

　気象特異日とは、科学的に解明されたわけではないのですが、毎年かなりの確率で特定の気象状況が現れる日のことで、当たる率はおよそ7割以上あります。

　特異日として晴れやすい日は、1月3・6・19日、4月5日、5月13日、8月10日、10月16・23日、11月3・8日、12月6日。

　雨の降りやすい日は、3月30日、4月8日、6月28日、7月10日、9月15日、10月13日、11月17日（主に関東・太平洋岸）で、このほかに台風の特異日として9月26日や立春から数えて210日や220日

があります（気象年鑑より）。

　「ギャンブラーの誤謬」をご存じでしょうか。偏りのないコインを投げて表が5回連続して出たとすると、次は裏が出ると多くの人が予測する心理状態のことをいいます。

　確率論ではコイン投げを無限回投げると仮定しますが、有限回繰り返しても表裏の比率は五分五分で変わりませんから、自然現象である空模様に気象特異日などあり得ないはずです。

　作為のない労働災害の発生データを、時間と発生数の関係でグラフに現すときれいなポアソン分布を描き、労働災害の発生は交通事故などと同様な自然現象であることがわかります。競馬など賭け（ギャンブル）や気象のような自然現象には、確率論では処理しきれない不思議なものが存在するようです。

　さて、近年建設業の労働災害による死亡者数は、平成9年以降は一定した減少傾向です。このように減少傾向が今後も続くと仮定すれば、理論的には何年か後に死亡災害はゼロになります。しかし、容易にゼロにはならないでしょう。

　ゼロ達成が難しい理由として、人は誰でも誤りをおかすもの（ヒューマン・エラー）であり、身近な死傷者の減少で事業者・作業者ともに危機感が薄れる、人は物事を良い方向に考えたがる（楽観論）、利益に直接係わらない安全費の負担を軽減したい、多くの安全管理に精通した老練な社員・作業者のリタイア、災害経験のない社員のマニュアル頼りの安全管理、新工法や社会の変化による新たな災害要因の発生などが考えられます。

　建設業の死亡災害の減少傾向は平成18年で10年目になります。さて……。

2.「フィンランド症候群」って何？

フィンランド症候群という言葉を聞いたことがありますか。

ヘルシンキ大学の研究者が、血圧やコレステロール値が高かった男性約1,200人のうち半数に薬を5年間投与し年1回の検査を勧めました。残りの半数には薬を投与しませんでした。薬を投与した集団は血圧やコレステロール値は下がりましたが、15年間の死亡者総数を比べたら、何もしない集団のほうが死亡者は少なかったという話です（朝日新聞）。

ならば、産業現場でも、安全措置を何もしないほうが災害発生は低くなるかということになりますが、労働安全では事業者、作業者のなすべき詳細な約束ごと（法規定）があり、また、個人集団の事象を社会集団にあてはめることは無理があります。

人は大地震など、その発生が予測不可能なことは、なるべく発生しないこととしたいという傾向があります。フィンランド症候群は何もしないほうが結果がよいというのですから、いいことずくめで話に乗りやすいのですが、そこにヒューマン・エラーにつながる原因が存在しています。

統計データを用いた話は説得力があり、現代社会では広く使われていますが、1つの研究の結果から結論を出すのではなく、ほかにも同じような調査を実施してみることが大切です。

飲酒や喫煙の好きな方は、フィンランド症候群を摂生しないほうが健康に良いという都合のよい話にすり替えてしまいます。この程度はご愛嬌ですが、一般に技術者はデータで述べられた話を妙に信じる傾向があり、注意が必要です。

安全管理にフィンランド症候群はあり得ないのです。

3. 危ないかもね

　ある造船所のテレビ映像で、作業者の被っている保護帽の正面に「危ないかもね」というステッカーが貼られているのを見つけました。

　「危ないかもね」という優しい語感と、安全の反意語である危ないという言葉との組み合わせの意外性が呼びかけのように感じました。

　「かもね」の「かも」は、疑問詞の「か」に詠嘆詞の「も」をつけたもので「……かなぁ」という感動を込めた疑問、そして「ね」は相手に同意を求め、あるいはことの真偽を確かめる気持ちと納得させる意味をもちます。

　同じ言葉を兵庫県警では道路交通の安全PRに使っていました。

　ある出版社が新聞の一頁広告で「呼び名を変えれば日本が変わる（かも）」というタイトルでたくさんの読み替え語を載せていました。

　消費する→景気に貢献する、公的資金→失敗穴埋め金、国債→前借り、構造改革→ミッション・インポッシブル、官僚→公僕員、国会議員→国民奉仕員、総理大臣→日本株式会社CEO、義務教育→サバイバル基礎コース、公約→虚約、生命保険→死亡保険、遺憾の意→ごめんなさい、粛々と→適当に、年金→幻金、給料→ギャランティ、外務省→害務省、前向きに処理する→無視、転職→進職、浮浪者→路上哲学者、警察官→正義官……。

　なるほど、呼び名を変えたほうがわかりやすく、日本が変わる

かもしれません。この場合の「かも」は反語や願望のことでしょう。

「危ないかもね」には主語がありません。だから受け取る人それぞれの立場や気持ちによって、自在に変化して伝わります。気持ちが落ち込んでいる人には「そんなことではほんとに危ないよ」と注意を喚起し、強気の人は「いつまでもうまく行くとは限らないよ」と自らにブレーキをかけます。

この造船所では仲間の帽子を見て、互いに安全をチェック（ヒューマン・エラー・チェック）したのでしょう。

「かもね」というあいまいな表現は、複雑な人間関係の中に生きる人々の、クッション材と安全弁の役割を果たしているのです。

4. 墜落は不注意からか

「労働災害の多くは被災者の不注意からではないか」。こんな質問が安全セミナーの受講者からありました。「作業者の不注意まで面倒を見きれない」と言ったある所長の顔が浮かびました。

労働災害の発生原因が被災者の不注意か否かを調査した客観的なデータは見当たりません。そこで、「建設業安全衛生年鑑」の巻末には当該年度の死亡災害の状況が要領よく整理してあることから、このデータを使って、被災者の不注意か否かを、墜落災害に絞って私的分析を試みました。不注意が原因とする対象は、機械の運転誤操作、保護具や足場不適切使用などで、指示計画ミスや判断不能は除きました。

死亡災害中の墜落災害は約40%で、この比率は毎年ほとんど変わりません。その内、被災者の不注意が原因とされる災害は6割強でした。

データの分析では墜落災害の約7割が被災者の何らかの不注意によるもので、残り3割が事業者やゼネコン等の設備・計画の不備や誤りなどと思われます。被災者の不注意には、ヒューマン・エラーによるものがあります。

他の産業で作業者の不注意による災害比率は、鉄道では52％、民間航空機は69％、石油コンビナート55％で、交通事故ではほとんど100％がドライバーや歩行者の間違いとされています（「うっかりミスはなぜ起きる」志賀繁著）。

冒頭のセミナー質問者は、ゼネコンが安全管理を徹底し災害防止に努めても作業者の不注意が7割もあったと思うでしょう。しかし、作業者からみれば、安全設備の不備が3割もあったと感じます。

安全管理は、元方事業者（ゼネコン）、事業者（下請負業者）、作業者の3者がそれぞれの役割を果たし、協力しなければ災害防止はできません。

しかし、最近の産業界は設備や作業の多様化と複雑化、大規模化が進み、さらにベテラン作業者の大量退職による職場の安全衛生管理レベルの低下などの原因によって、労働災害防止を作業者個人として行うには限界があります。社会は組織を単位とした安全管理・安全教育を行う方向に向かっています。

そこには元方事業者と事業者（協力会社）の経営トップの労働安全に対する理念が、大きく影響しています。

5. 大切な手指を守ろう

数人が手話で会話をしている場面に出会った時、声は聞こえないのですが不思議な喧噪を感じることがあります。手指が声を出

して話をしているのです。

「人の賢さは脳だけにあるのではなく、手には手の賢さがあり、五体にはそれぞれの賢さがある。脳にわずかの障害があり、体の不自由な子供たちは、脳の障害を他の体の賢さで包み込み、補うことができる」と光の村養護学校の西谷英雄氏は言います。手指の不思議な力です。

大昔から長さの単位は手指が基準になり、孔子家語に「指を布いて寸を知り、手を布いて尺を知り、肘をのべて尋を知る」とあります。

満員電車でつり革に並んだ手はさまざまで、若い女性が指の爪を長くしているのを見ると、日常生活に支障はないかと心配します。

型枠大工さんが電動丸鋸盤で、右手の親指以外の四指を落とした災害がありました。足元が滑り回転する歯に手を入れてしまったのです。すぐに近くの病院に運びました。気丈夫にも同僚が切れた指を一緒に持って行きました。その病院はマイクロサージェリー（顕微鏡下血管吻合）の設備と技術をもった医師がおり、四指とも接合手術に成功しました。手術をする医師は、日常的に手に重い物を持たず、手指を大切にし、常にモルモットで訓練すると聞きました。

退院後にゆっくりと結んでは開く、大工さんの大きな手指を見て、心から安堵し、医師の努力に感謝しました。

機械作業が中心となった現代産業も、要所では今も職人さんの手指で組み立て仕上げられています。

大切な手指の災害は、部位別災害では22％と非常に多く、また突然の災害で手指を失ったときの精神的ショックは大きく、カウンセリングが必要となります。

大切な手指の労働災害はヒューマン・エラーによることが多く、何としてもなくしたいのです。

6. QCDSの順番は

企業にとって利益なくして会社の存続はなく、組織を危うくしてまで安全が大切かという意見があります。しかし、利益と安全は相反するでしょうか。

1980年代に日本の産業界を席巻したTQCの手法で、いまだに広く使われているのがQCDSです。品質Q、コストC、工期D、安全Sのことで、現場管理要素としてチェック項目に使いました。

近頃ではTQC活動は、より広範囲で国際的なマネジメントシステムに取って代わられて、実施する企業は少なくなくなりました。

QCDSは、その後社会的要求が強まった環境E（Environment）を加え、さらにTQCが極端にデータを重視し人間の存在を無視したことによる弊害を除くため、人M（Man）を入れる場合もあります。

TQC最盛期の頃、安全分野の関係者がQCDSというのは、安全のSの順番が最後でけしからん、SQCDとすべきだと言う人がいました。国際的な国の呼び方でも、日本では中国や韓国と日本の関係を日中、日韓と書きますが、中国や韓国では中日、韓日と自国を先にします。順番にはこだわりがあるようです。

近頃、ある業界では、QCDSを使っていますが、Sは安全ではなくサービスのSとしているところがあります。安全はサービスなのでしょうか。

QCDSの順番問題を解決するために、当時こんなことを考えま

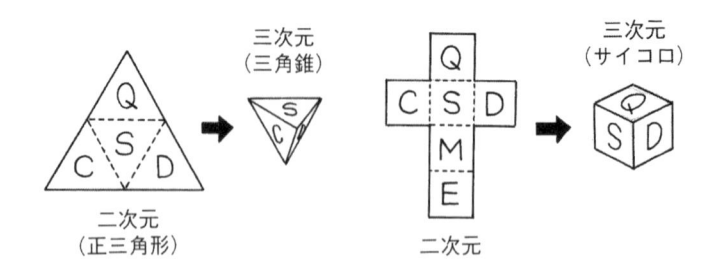

した。紙に正三角形を描き、中を4等分するように真ん中に三角形を描きます。真ん中にS、まわりにQCDを書きます。二次元の世界＝計画段階ではSを中心に残りの3要素をまとめます。外側の正三角形を切り抜き、中の三角形を折り曲げると、正四面体（三角錐）ができます。三次元の世界＝現実の活動です。

　三角錐の底の1面は他の3面を支えることになり、これを逆さまにすれば3面が上になった1面を支えることになります。現実の世界では三角錐がマネジメントという川の流れにころころと転がり、次第に角がとれ、最後にはマネジメントの理想である球になります。

　QCDSEMでは、二次元では四角形を十字形につなぎ、三次元では正6面体（サイコロ）になります。

　安全Sと他の要素の関係は、この三角錐やサイコロで容易に理解できると思います。

　労働災害をなくすには、QCDSの順番などではなく、経営トップが「働く人を大切にする」という信念をもって行動することです。

　人を大切にする組織には安全文化が構築され、労働災害（ヒューマン・エラー）は少ないのです。

7. 安心で安全管理

「安全・安心」というキーワードが行政機関で流行っています。農林水産省は食の安全安心、警察庁や東京都などは安全安心の街づくりの推進、文部科学省は安心安全な社会への貢献など、「安全・安心」という言葉は多くの省庁、自治体などで使われています。

いまどきなぜ安全・安心なのでしょうか。

人事院が2005年3月に発表した「国家公務員への信頼感アンケート」では、全面信頼は12.5%で、一部または全般に不信感を抱いている人は85%でした。政治・行政や大企業、専門家などの信用と信頼が崩れ、市民は以前のように信用していないのです。

ごく最近まで、大企業や銀行は倒産せず、医者の言うことは正しく、また阪神・淡路大震災発生までは、日本の鉄筋コンクリート構造物は大地震でも崩壊しないと信じられていました。このような権威と科学の限界が明らかになったことには、カードや紙幣の偽造、BSE(牛海綿状脳症)、リコール隠し、医療過誤、耐震強度偽装など、組織や制度が社会の進歩に大きく遅れていることが背景にあります。

一般に「安全」は、平穏無事、やすらかで危険がないことですが、産業安全の分野では「安全とは、許容限度を超えていないと判断される危険」(黒田勲)としています。許容限度は社会的価値観によって変化しますが、常に安全側に設定します。危険の完全排除は不可能ですが、その危険を予測し予防することが安全管理の基本です。

他方、「安心」は心配不安がなく心が安らぐことで、不安の反意語であることからも平和や休息、心地よい、満足など安泰な気

持ちが伝わってきます。

労働安全における「安心」は、働く作業者の心に事故災害が起きないだろうと信じる状況を作ることです。事業者等の安全への積極的な取組みが、作業者に信頼を与え安心感を与えます。作業者の安心が安全につながり、ヒューマン・エラーを防ぎます。

「人の一生の最も大切なるは安心也。百歳の寿命も一日の安心には代え難し。安心無ければ生活の甲斐無き也」（徳富蘇峰）。

8. リスクは危険のことか……外来語の誤解

馴染みの薄い外来語（カタカナ語）を安易に使う現状を改めるべきと、国立国語研究所が「言い換え語案」を提案しています。

アーカイブ（保存記録）、インサイダー（内部関係者）、アカウンタビリティー（説明責任）など括弧内のような日本語に言い換えています。リスクという言葉は、言い換え語案にはありませんが、リスクマネジメントを危険事前評価と言い換えています。しかしリスクは危険と同じではありません。

リスクのほかに危険の意味をもつ英語には、danger（デインジャー）、peril（ペリル）、hazard（ハザード）などがあり、それぞれに自己責任で冒す危険、差し迫った大きな避けがたい危険、人の力では避けることができない（偶然に左右される）危険と、違う意味をもっています。英語圏の人々は、これらの言葉の意味を生活の中で感覚的に理解し、区別して使っているのでしょう。

リスクの定義もさまざまで、日本の危険事前評価のもとになった、欧州共同体（旧EC）のEC指令では「使用条件または暴露の元で、潜在する危害が起こりうる可能性およびその危険の程度」という翻訳があります。日本リスク学会では「ある有害な原因

（障害）によって損失を伴う危険な状態が発生する時、（損失×その損失の発生する確率）の総和を指す」、ISOでは「危険の発生確率およびその危険の組み合わせ」といずれも表現が異なり難解です。

リスクの概念は、社会の分野や組織、場所・構造によって異なり、EC指令でもリスクという用語の意味は、各国で必ずしも同じではないと断っています。

リスクはこんなに難しい言葉ですが、産業安全の社会ではリスクという言葉が安易に飛び交っています。大丈夫でしょうか。

作家の村上龍氏は「リスクは単に危険なことではなく、人を惹きつける何かに潜むものというニュアンスが含まれている。地雷原を歩くのにリスクは大きい、という言い方は変だ。たとえば、地雷原の中に大昔の宝物が埋まっていて、それを掘り出そうとするような場合に、地雷原は初めてリスク要因として成立する」、「リスクという言葉を日本語に翻訳できないのは、会社への忠誠心や献身との引き替えに会社に庇護してもらうのが当たり前という社会では、人を惹きつける何かに潜む危険・不安要因という概念が存在しなかったからだ」と言います（「人生における成功者の定義と条件」村上龍著）。

あなたと私のリスクの意味は同じではないのに、お互いに同じと思っているかもしれません。

ヒューマン・エラーは、こんな個々の「わかったつもり」が大きな災害を発生させることがあります。

★ あなたと私の「当たり前」は違うのです
落語に、鰻屋の前で匂いを嗅ぎながら、鰻を食べたつもりでご飯を食べる話があります。

> あの香ばしい匂いはすきっ腹にはこたえます。
> ところで「まむし」といえば関東の人は蛇のまむしを、関西の人は鰻の蒲焼きのことを思います。その鰻も関東と関西では裂き方、焼き方など調理方法が違います。そば屋にいって「きつね」「たぬき」と注文しても関東と関西ではまるで違う物が出てきます。関東の人の当たり前は関西の人の当たり前ではないのです。東と西が集まる東京では、あなたの隣にこんなに違う人がいるのです。
> 身近な話では、皆さんは朝起きて歯を磨き、顔を洗いますか。小用後は手を洗いますか。
> こんなことは皆さんにとって当たり前でしょうが、私はどちらもしません。
> 私たちは、自分が当たり前のことは、相手も当然当たり前だと思っています。ところが実際は、ここにあげた例のように大きく違います。現場ではこの違いが命にかかわることになります。
> このような間違いを防ぐには、まず日頃から仲間同士のコミュニケーションを良くして、自分と仲間の当たり前の違いを知っておくことです。もう1つは言葉の確認です。疑問があった時、こうだろうと自分勝手に解釈するのではなく、きちんと聞き返すことです。

9. 職長に公的資格の付与を

安衛法は、事業者（協力会社）に対して、「職長その他の作業中の労働者を直接指導又は監督する者（作業主任者は除く）に、作業手順や方法、指導監督、安全・衛生等について教育を行う」ことを規定しています。しかし、安衛法上の職長教育には、修了者に作業主任者のような法的資格の付与がありません。建設業の職長は他の公的資格を複数持って自らの立場を維持しています。

「職長」という言葉は、工場などで指導的立場の職人を指して

いましたが、最近は建設現場でも使うようになりました。建設業で以前は「親方」、「世話役」と呼んでいましたが、これらの言葉は一時の「フォアマン」とともに使わなくなりました。かつて工場の職長や現場の世話役は職人の長であり、その社会で働く者のあこがれと目標でした。

本来事業者の措置義務で、法的資格のない職長教育に元請け各社が力を入れるのは、元請け社員の多忙と能力低下から、それを補う事業者（協力会社）の管理能力が現場運営に大きな比重を占め、その最先端を担う職長の指導力に大きく依存するからです。

職長という地位にふさわしい、作業主任者や玉掛け等を総轄した複合的な公的資格を得られるように、教育と法の手直しが求められます。

職長の職務は技能だけではないから公的資格は不要との考えもありますが、現場の安全・品質管理等は職長の姿勢次第で大きく変わるうえ、職長の社会的・経済的地位を確保するうえからも是非とも公的資格が必要です。

次世代を担う若者にとって建設作業者が魅力ある職業となるために、まず直近の目標として高い地位をもった職長の存在は大きな希望となります。

安全管理とヒューマン・エラー防止の要は職長です。

第4節　マニュアル管理とヒューマン・エラー

　マニュアルは一般的には作業の処理手順等をわかりやすく記述した手引き書と理解されていますが、広義には組織の持つ伝統と個人の知識、技術やノウハウを組織として共有して、伝承するために明文化した文書類です。

　仕事をマニュアルどおりに行えば作業者は容易ですが、次第にマニュアルに頼るようになります。マニュアルの完備は、マニュアルどおりの行動しかできず、自ら考える習慣が希薄になり、緊急時などマニュアル外の出来事に適切な対応ができなくなります。このことがヒューマン・エラーにつながります。

1.　それは「恥」ではないか

　「あなたの手元に労働安全衛生法令集（安衛法）がありますか」。「通して読んだことがありますか」。現場マンの集まりで話をする機会がある度に聞いてみます。忙しい、複雑でわかりにくい、安衛法を知らなくとも現場は動く……手をあげるのはどの集まりでもごくわずかです。

　安衛法とその関連法令は、安全管理の体制から技術基準、墜落防止の方法など、現場でどうすればよいかがすべて書かれている、技術マニュアルなのです。

　労働安全に関心が低いのは、学校教育に問題があります。日本

の工業高校や理科系大学で、安全をカリキュラムに取り入れている学校は数えるほどで、とくに労働安全はまったく教えていません。

大手建設会社では好不況にかかわらず、社員教育システムの中に労働安全を取り入れ継続して教育を行っていますが、中小規模の企業では制度はあっても、少ない社員に忙しい勤務状況では体系的な教育はできないのが現状です。ヒューマン・エラーなど聞いたこともない若者が、いきなり現場に出され、監督さんと呼ばれて多くの作業者の安全を担うのです。

厚生労働省「労働安全衛生基本調査」でも、安全衛生教育の実施状況は、事業所規模の大きい企業ほど高いという結果があります。

安衛法の規定は、現場の技術者として最低限の知識です。法規定を知らず現場で働く作業者に大きな負担をかけ、死傷するようなことがあれば、企業として個人としてどう償うのでしょうか。法に裁かれ謝れば済むことではありません。社会の中で機能する

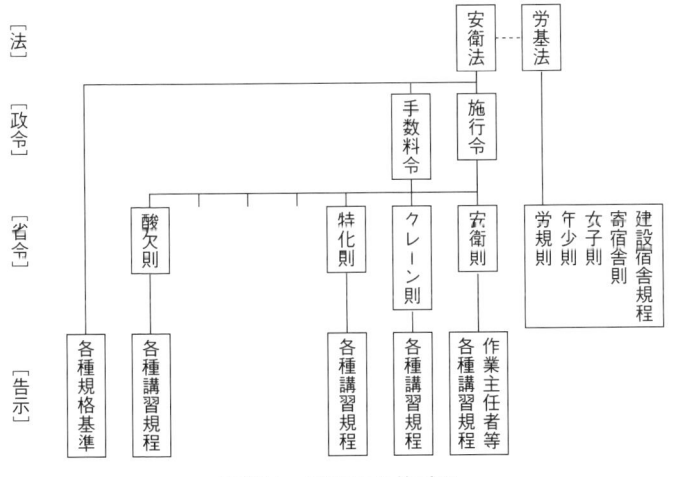

安衛法・関連法令体系図

企業として、科学と技術と社会をつなぐ技術者として、それは恥ではありませんか。

労働安全衛生法令集を身近において、技術マニュアルとして読んでください。

2. 思いもよらないことなのか

2004年の猛暑の夏、関西電力美浜原子力発電所3号機のタービン建家で破裂した配管（復水管）から蒸気が噴出し、死亡者5人、重傷者6人という重大災害が発生しました。

原子力発電所の災害でしたが、型式が沸騰水型ではなく加圧水型のため、タービンを回す蒸気は熱交換された2次系で、放射能汚染の被害は免れました。

新聞報道によると、破裂した配管は直径560mm、厚さ10mmの炭素鋼管で、破裂した部分は厚さが1.4～0.6mmにすり減っていて、1976年の運転開始以来、28年間一度も点検したことがありませんでした。しかし、1990年に作成された社内管理指針には、温度や流速、部位などに応じた配管の点検交換時期を決めるための寿命計算式があります。この計算式によると今回の破損部分は1991年には基準値の4.7mmまで摩耗して交換しなければならず、その2年前の1989年には1回目の点検をしなければならない規程になっていました。

安全管理では、リスク要因を丹念に拾い予測予防を実施しても、確実に事故災害を防止できるものではありません。事故災害は、過去の災害事例やリスク要因の特定、統計的手法などからは拾えずリスクコントロールが及ばない「思いもよらないこと」から発生します。

しかし、今回の美浜原発の災害で、配管を28年間も点検しなかったことは「思いもよらないこと」なのでしょうか。

最近、労働災害防止にリスクアセスメントが推奨されていますが、「思いもよらないこと」をどう見つけるかが問われます。

ヒューマン・エラーは「思いもよらないこと」から生じます。

3. マニュアルと暗黙知

ユニークな科学思想家のマイケル・ポラニーは「われわれは語ることができるより多くのことを知っている」という事実から発して非言語的知識の重要性を説き、直感や個人的経験、資質による知である「暗黙知」という概念を提唱しました。

自分の子供の顔は知っていますから、他人と見分けることができます。にもかかわらず自分の子供の顔をどのようにして認知するのかを、普段私たちは語ることができません。だからこの認知の大部分は言葉に置き換えることができないとポラニーは言うのです（「暗黙知の次元」M・ポラニー著）。

戦後から日本の産業界の繁栄を支えてきた多くの技術者、技能者が年々リタイアし、これらの人々の暗黙知が伝えられないという危機感からさまざまな対策がとられています。

長崎の造船所で、11万tの豪華客船を建造中に火災が発生しました。溶接の火花が床のすきまから落ちて、下階の客室の内装材に引火したのが原因でした。火災後に社内に設けた委員会が検証し、原因はマニュアルにあるという結果をまとめました。

生産工程に関するマニュアルは大きな事業所なら1製品の生産部門だけで200以上あるといいます。マニュアルは世代交代で円滑に技術を伝える狙いで作成したのですが、作業が効率化した半

面、現場の判断能力が低下し、作業員が担当以外に干渉しなくなりました。

　火災発生時に発見者は、マニュアルどおりに119番通報より上司への連絡や自己消火活動を優先し、そのことが延焼を招いたのです。また、マニュアルに基づいたルールの重視で、熟練工が知恵を出さず、工程間の縦割りが大きくなり、慣れや緩みが生じました。

　そこで造船所では、作業手順や安全管理に関するすべてのマニュアルを見直し、必要最低限に大幅削減することにしました。マニュアルで技術を伝えることはできますが、熟練工の技術と技術の間は暗黙知の領域で、知恵の創出には人と人のふれあいが大切なことがわかったのです。

　このことは造船業だけではなく、他の産業でもまったく同じであるといえます。

　マニュアルにはうまく行く方法だけが書いてあり、失敗した時のことは書いてありません。失敗を予測し予防するにはどうしたらよいかを、各自が考え行動するうえでは、マニュアルは障害だったのです。

　ヒューマン・エラー防止にもやはり暗黙知の領域があるのです。

4.　勘と経験と度胸だ！

　私たちの日常生活では、毎日たくさんの判断を「勘と経験と度胸（KKD）」で行っています。

　ところが1980年代に流行った総合的品質管理（TQC）活動は、KKDは非科学的でデータに基づいた管理ができないと徹底的に排除しました。TQCはその後TQM（総合的品質経営）と呼称を

変え、ISO（国際標準化機構）にその流れを伝えています。

　ノーベル物理学賞を受賞した小柴昌俊博士は「僕に言わせれば、勘というものは磨けば磨くほど当たり、とても大事なことだ。基礎科学の実験では、すでにわかっていることを確かめるが、それから先のわからないところでピンっと感じられる勘が大事。そのことについて徹底的に考え、くどくど考え抜いて磨く。すると勘の当たりがよくなる」と言っています。

　勘をピンっと感じるには普段の努力に加えて豊かな知識と経験が必要で、実行には度胸が要ります。現場で勘や経験を磨く場も、判断のもとである豊かな知識もないとなれば、残る頼りは「ヤマカン（山勘）による〇〇度胸」だけになってしまいます。KKDはヒューマン・エラーを追払います。

★ 勘と経験と度胸

　私はクイズ番組を見るときは、わからなくてもとにかく自分の答えを出してみることにしています。そうすることで番組がおもしろいだけではなく、物事の勘を育てることと自分の間違いに気づく訓練になると思うからです。

　TQC（品質管理手法）では、データに基づいた科学的分析を重視し、いわゆるKKD［（勘、KAN）、経験（KEIKEN）、度胸（DOKYO）］は排除しなければならないといわれます。確かにそのとおりなのですが、ずっと現場で育ってきた私には何か割り切れないものがあります。

　危機に直面したときのイエスかノーか、現場でのとっさの判断は、まさにKKDから生まれます。

　その時こそ、普段の何気ない訓練があなたを助けるのです。

「実地を踏んで鍛え上げない人間は、でくの坊と同じだ」（夏目漱石「明暗」）

5. ディズニーランドのマニュアルは（行動手順と行動規範）

　ファーストフード店やディズニーランドのマニュアル教育はよく知られていますが、基本的な考え方に大きな違いがあります。

　ファーストフード店のマニュアルが「こういう時はこうしなさい」と細部まで行動手順を決めているのに対し、ディズニーランドのマニュアルでは「こういう時はどう考えるべきか」という行動規範が目的、形、注意として表されています。

　たとえば、ディズニーランドのチケットブース（入場券販売）へのマニュアルには、目的が「あなたの仕事はチケットを売ることではありません。東京ディズニーランドにおいでになったゲストと最初のコミュニケーションをとることです」とあります。形としては目と目を合わせてにっこり笑って「おはようございます」、「こんにちは」と一声かけます。「いらっしゃいませ」と言わないようにという注意があります。なぜなら「いらっしゃいませ」と言ってもゲストは返事をしない習慣があるからというのです。

　コンビニや薬の安売り店に行くと、巡回している店員がやたらに「いらっしゃいませ」と声をかけてきます。これは挨拶が目的ではなく、万引き防止マニュアルの実行だと知ればいい感じはしません。

　建設業の現場で使う代表的なマニュアルに、作業標準書、作業手順書と呼ぶものがあり、誤りなく安全に作業ができるように、仕事ごとの手順に沿って丁寧に書いてあります。

　これは「人は誰でも誤りをおかすもの」という前提のヒューマン・エラー防止対策の1つです。

しかし、現実には形骸化し、事業者（協力会社）は個々の現場に合った手順書を作成せずに、標準的共通手順書の工事名を書き換えるだけです。内容も教科書的でわかりきったものですから、作業者は誰も読まず使いません。

　従来の手順書などとは別に、ディズニーランドのような考えるマニュアルはどうでしょう。従来の形式にとらわれない新たな発想で、作業単位で目的・形・注意だけをフリーハンドの図面やイラストとともに、用紙1枚にまとめた「安全作業照準」です。照準は安全作業にねらいを定めることを意味します。

　たとえば、鳶工の足場組み立て作業では「この作業の目的は、あなた自身の墜落転落災害を防ぐことだ。あなたの安全作業がこの現場で働く仲間の安全意識を向上させる」とします。形では仲間同士の一声かけの実施、注意は工程や人員配置、作業中の保護具・安全帯の使用箇所の具体的指示や作業の急所などこれ1枚ですべてOKです。所長のタイムリーなコメントが一言つけばさらに光るでしょう。目的の明確な考えるマニュアル「安全作業照準」です。

第5節　航空・鉄道に学ぶヒューマン・エラー防止

1つの間違いが社会的な大きな事故・災害につながる航空や鉄道では、早くから積極的にヒューマン・エラー防止に取り組んできました。その取り組みは「人は誰でも誤りを犯すもの」という視点から行われています。

多くの産業で取り入れている指差呼称（指差喚呼）は、旧国鉄で行われていたものが化学産業等で人間の誤判断や誤操作防止のために取り入れられ、他産業にも普及したのです。航空、鉄道の一歩進んだヒューマン・エラーに対する研究と実践に学ぶことは多いのです。

1. 災害事例に学ばない

2004年10月の新潟県中越地震で、乗客を乗せ時速200kmで走行中の上越新幹線「とき325号」が脱線しましたが、1人の怪我人も出ませんでした。幸運にも恵まれましたが、日本の鉄道の安全性を大きく示したものです。

日本の鉄道の安全確保には、2つの原則があるといいます（工学院大学教授・曽根悟）。最終的な安全確保を人の注意力に頼らないことと、同じ事故を繰り返さないことです。しかし、残念なことに翌年4月のJR西日本福知山線電車脱線事故では、この2つの原則は当てはまりませんでした。

鉄道の安全確保の原則には、労働災害防止の基本があります。「人は誰でも間違える」のですから、最終的な安全確保を人の注意力に頼らないのはヒューマン・エラーを防止することになり、そのための機器として、安全弁、ガス警報器、漏電遮断機（ELB）、重機の接触防止等の各種リミット装置などがあります。

　死亡災害の型別分類を調べてみると、製造業では挟まれ・巻き込まれ（32%）、墜落転落（16%）、建設業では墜落転落（43%）、交通事故（13%）の順で、ともに上位2つで約半数を占めています。これらの災害の多くは繰り返し型です。

　建設業の死傷災害の種類別三大災害は、墜落転落（40%）、建設機械（16%）、自動車等（14%）の順で、順番も比率も10年以上ほとんど変わりません。最も多い墜落転落の内訳は、「滑って」、「踏み外して」、「動作の反動で」で、この順番も長年変わらず同種災害を繰り返しているのがわかります。

　同種災害を繰り返すのは、災害事例に学ばないことが大きな理由です。事故・災害が発生すると、原因調査はゼネコンが行います。複雑な利害関係にある被災者の関係者は、真実（なぜ－why）

を語りません。事故災害は恥であり、できれば隠したいとの共通認識が元方、下請ともにあり、「労災かくし」にもつながります。

災害事例は、ゼネコンや業界団体が災害事例集にまとめて活用を呼びかけています。しかし、事例集では事故災害の真実（なぜ）がわかりませんから、その対策と措置は、高所作業での災害なら安全帯の使用で済ませるなどおざなりのものとなり、現場で実施不可能な対策まであります。

あるリスクアセスメントの解説書に「最近は度数率が1で、500人規模なら（災害発生は）1〜2年に1件となっており、『災害事例に学ぶ』時代ではなくなっている」とありますが、いかがでしょうか。

鉄道事故による旅客死亡率は、自動車の545分の1、航空機の104分の1で、交通機関として鉄道の安全性は高いのです（「続・事故の鉄道史」佐々木・綱谷共著、日本経済評論社）。

「事故は安全対策の教訓の場」として災害事例を重視し、無事故と安全を永遠の課題としてきた鉄道に学ぶことは多いのです。

2. 至極当たり前のこと

数年前のこと、「経営陣をはじめ全社員に、『会社にとって何が一番大切か』と問えば、間違いなく『安全運航』と答える」、こう胸を張ったのは元全日空会長の野村吉三郎氏です。

野村元会長は続けて「安全にお客を運ぶのが私たちの仕事だ。もっともフライトを終えても感謝され、ねぎらってもらえることは滅多にない。お客様にとって安全運航は至極当たり前のことだから当然だ」というのです。

自分の会社の社員をこんなに信頼し、自信をもって「安全運航

第一」といえる経営トップと会社を、私はすばらしいと思いました。

全日空は早くからヒューマン・エラー防止に取り組み、『ヒューマン・ファクターズへの実践的アプローチ』という冊子を発行しています。

仕事も目的も違うので、同じ質問をしても比較にならないかもしれませんが、あなたの会社の経営トップなら何と答えるでしょうか。

> ★ 当たり前のことを　ボンヤリしないで　チャントやれ
> 　航空機事故はその確率は低いのですが、一事故あたりの災害規模は非常に大きくなります。そこで各航空会社は安全運航のためにできる限りのことを行っています。
> 　ところで皆さんは世界で一番安全な航空会社をご存じですか。
> 　オーストラリアのカンタス航空です。なぜだろうと世界の航空会社がこぞって視察に行きました。わかったことは、当たり前のことを当たり前にやっているということでした。
> 　毎朝のTBM（ツールボックス・ミーティング）やKYT（危険予知訓練）、立入禁止措置、高所作業時の安全帯使用、上下作業の禁止、声を出した指差確認……。
> 　当たり前のことをやっていますか。
> 　A：当たり前のことを　B：ボンヤリしないで　C：チャントやれ
> 　建設災害をなくす特効薬はないのです。

3. 安全は予定に優先する……カンタス航空

ある航空会社に不祥事が続き、国土交通省は航空法に基づいた事業改善命令を出しました。改善命令に対するその航空会社の回

答書には、安全が最優先であるとの考え方が組織に浸透していない、定時発着を最優先したことなどが原因とあり、社長直属の安全補佐担当を設け、再発防止マニュアルを作成すると述べられています。

航空会社として一番大切な安全運航より、定時発着を優先していたことに驚きました。また、社長直属の安全担当ポストや再発防止マニュアルがいままでなかったなどは信じられないことです。

死者107人、負傷者460人という大惨事となったJR西日本福知山線脱線事故でも、原因の1つに遅れを取り戻そうと現場付近のカーブを、制限速度を大きく超えて運転したことがあり、ここにも安全より定刻優先がありました。

ところで世界一安全な航空会社といわれ、半世紀以上も無事故を確保しているカンタス航空の企業憲章には、「安全は予定（スケジュール）に優先する（=Safety before schedule）」とあります。世界にはこんなすばらしい企業憲章をもった航空会社があるのです。

航空機という一見飛ぶはずがないような科学技術の塊を、人間という不完全な間違いを犯すものが扱い、地球規模で運航するシステムを無事故で50年以上も維持しているのです。なぜだろうと世界中の航空関係者が見に行きましたが、特別なことをしているわけではなく、安全が企業文化としてトップから最先端で働く作業者まで根づいているからです。

尾翼に赤いカンガルーマークがついたカンタス航空に乗って、オーストラリアに行きたいと思います。

4. ヒューマン・パフォーマンス

　世界中のどこかで航空機事故が発生すると短い期間に連鎖的に発生します。

　統計的にはポアソン分布と言われ、自然現象の発生としてよく知られています。

　このことから、最近ゼネコンでは災害が発生すると連鎖的発生を防ぐため、パソコンやFAXを使った全社的速報システムを運用しその防止に努めています。しかし、建設業の年度別・種類別死亡災害発生の比率では、①墜落、②建設機械、③道路交通、④飛来落下の順で、この順位は毎年ほとんど変わりません。繰り返し型災害が多く再発防止活動が有効に働いていないのです。

　米国の国家安全運輸委員会（NTSB）は大統領直属の独立行政委員会で、航空機の他に鉄道、海難やパイプラインなどの事故原因の徹底した調査を行い、結果を公表しています。NTSBの調査では、メカニカル調査、オペレーション調査とともに、ヒューマン・パフォーマンス調査を行います。

　ヒューマン・パフォーマンスとは、広い意味での人間の行動・不注意のことです。たとえば、高所作業で安全帯を使わずに被災した時、「なぜ（why）」安全帯を使わなかったか（使えなかったか）などと理由を徹底調査します。安全帯の状況、被災者の被災前の行動・状況、勤務態度、くせ、習慣、経験、教育訓練、疲労度、持病、心配事、アルコール、社内規則、勤務計画などで、なぜ安全帯を使用しなかったかというヒューマン・パフォーマンス調査を他の要因とともに分析しなければ、問題解決にはならないのです。

　ヒューマン・パフォーマンスはNTSBの扱う事故の85％に関連

していると言われ、再発防止に重要な位置を占めています。

　日本の建設業における事故災害調査で「なぜ」を解明する障害の1つに、重層下請制度があります。調査は多くは元請けが中心で行いますが、被災者や雇用者は、元請けへの配慮から本当のことを言わず、「なぜ」は未解明のまま、あるいは虚偽の原因によって再発防止対策が作られます。業界団体やゼネコンが作成する災害事例集は、ヒューマン・パフォーマンス調査「なぜ」が不明のまま、問題意識もなくまとめられています。

　被災者の血と汗と涙の結晶である災害事例は、真の「なぜ」が伝わらず、類似災害は何度でも繰り返します。

　建設業の死亡災害の約4割を占める墜落転落だけに絞って「なぜ」を究明すれば、死亡災害は大きく減少します。

第6節　自ら防ぐヒューマン・エラー

　ヒューマン・エラーは、これさえ守れば防止することができるという特効薬のような方法はありませんが、第3章「まとめ」（164頁）に防止策を5項目あげてあります。参考にしてください。
　第1章の話は、この5項目のいずれかに該当します。いろいろな安全知識が、あるとき知らぬ間に危険を感知し、意識せずにヒューマン・エラーを回避していることがあります。
　ヒューマン・エラーを防ぐには、自分の身は自分で守るにはどうすればよいかということを、常に意識しあらゆる方法で試みることです。

1.　後ろ歩きの名ガイド

　礼文島で島の山を案内してくれた青年ガイドを見て、特異なことに気づきました。案内をしながら歩く時、小学校の授業をする先生のようにいつも顔を客のほうに向け、後ろ向きで歩きながら説明するのです。下り道でもほとんど後ろ向きで降りてきました。自動車の通る道では後ろからの車の接近がいち早くわかり、皆に注意を促します。いつも顔を合わせているので親しみが湧いてきます。
　試しに後ろ向きに歩いてみましたが、怖くて数歩が限度でした。歩きにくいでしょうと尋ねると「毎日通っている道ですから慣れ

ています」と言います。慣れているとはいえ、危険と負担を伴う後ろ歩きでの説明は、礼文島の自然を愛し、訪れた人に多くを知ってもらおうという青年の情熱の現れでしょう。

ところで、建設現場では床開口部や床端部などから墜落する恐れがあるため、後ろ向きでの作業を禁じています。後ずさりしながら箒で清掃中に開口部から墜落、後ろ向きにホースを引っ張っていて墜落など、後ろ向きでの作業による災害事例は多いのです。人の体は目も足も後ろ向きに歩くようにできていません。建設現場は危険がいっぱいで、しかも現場の状況は時間単位で変化します。

後ろ向き作業はヒューマン・エラーの要因を作りやすいので、どんなに仕事に情熱があっても、決してしないでください。

2. 校庭を芝生で覆いたい

ソフトボールやバスケットボールでプレーすると、ボールを顔面で受けてしまう、走って転ぶと手をつかず顔面から転ぶ、足の指全部が床につかない、「きをつけ」の姿勢ができない、そんな子供が増えています。

体の動きが鈍く、目の動きが体の動きについて行かない、幼児期に親が過度の手助けをした、バランスを司る大脳機能の未発達の疑い、などが原因と言われます。

米大リーグ、シアトル・マリナーズで活躍するイチロー外野手は動体視力に優れていて、数々のプレーで米国の観客を沸かせています。

ライトを守るイチローめがけて鋭いヒットが飛来しましたが、イチローはボールをキャッチする一瞬前に1塁ランナーの動きを見て、2塁ではなく3塁に送球して走者を刺しました。アウトに

なった走者は一瞬何が起こったのか理解できない顔をしていました。アナウンサーはスーパービームと叫んでいました。

　ボールを捕球し、まわりの状況を正確に判断して、瞬時に行動することは難しいことです。これほどのことではありませんが、自分の目の前にものが飛んで来ても避けられないのは、人間に元々備わっている動物的本能が欠如しているからでしょう。

　こんな状況を憂い、日本サッカー協会（JFA）の川淵三郎会長は、以前から日本中の校庭を芝生で覆いたいという大きな夢をもっていました。芝生で覆えば子供たちはサッカーだけでなく、野球でもランニングでも転んだ時の怪我を気にせずに思い切り走り回ることができるというのです。

　しかし、そんな子供たちがすでに社会に出て働いています。16歳の鉄筋工（見習い）が、高さ1.5mの可搬式作業台から落ちて頭蓋骨を骨折しました。原因は、作業の不慣れと保護帽の不完全な着用にもありましたが、転落時に顔面から落ちてもまったく手をつかず、自分の身体を自ら保護できなかったこともあげられます。

　「自分の身は自分で守る」は、現場で働く者の最低限のルールです。

3. 自助7・互助2・公助1

　藤沢周平の小説「漆の実のみのる国」は、貧困にあえぐ米沢藩を立て直そうと心血を注ぐ米沢藩主上杉鷹山を描き、最後の作品となった名作です。

　上杉鷹山は数々の名言を残しましたが、その1つに「自助、互助、公助」があります。

　1995年1月に発生した阪神・淡路大震災でもこの言葉を聞きま

した。多くの市民は家が焼け、倒れ、下敷きになりましたが、現場には消防車も救急車も行けませんでした。市民だけでなく、行政側も被災していたのです。

　災害時には、まず自分でできることは可能な限り努力する。それには日頃からの備えも大切で、それが自助です。次にどうしても自分だけでは無理な時は、近隣の住民同士が助け合うこと、それには日常のコミュニケーションが大切で、それが互助です。そして最後に公助としての行政等の組織力を借ります。

　あまり遠くない将来に、東海や関東地方に大地震が発生することは、確率的に予測されています。地震の発生は防げませんが、災害は防ぐことが可能です。

　危機管理など広く安全活動を行う伊東義高氏（ヤルデア研究所）は、自助：互助：公助に、7：2：1のウエイトづけをしました。

　上杉鷹山が遺した自助・互助・公助は、自分を助けるものは自分しかいないということが基本で、自助努力があってこそ互助・公助が生きてくるのです。

　日本赤十字社が開く救急法講習会では、他人を救護する以前にまず自分を守ることと教えます。職人の社会には、昔から「怪我と弁当は手前持ち」といい、仕事場で怪我をすることは、仕事の出来映え以前の恥とする「自助の伝承」がありました。

　上杉鷹山は次のような言葉も残しています。
「なせば成る、なさねば成らぬ何ごとも、成らぬは人のなさぬなりけり」

4.「たまたま」と「いつも」

　稀なこと、まさかのことを表す言葉に「たまたま」があります。

大地震など滅多に起こらないことですが蓋然性があり、ある程度の想定範囲があります。

　「たまたま」と反対の言葉が「いつも」で、毎日の仕事や習慣など普段から変わらないことを表します。

　私たちは、「たまたま」のことは滅多に起こらないこととして目をつぶり、いつものことへと目をそらしてきました。予測予防の事前管理ではなく、起きてから対策を考える事後管理です。

　リスクアセスメント（危険事前評価）は、「たまたま」と「いつも」ある危険・有害要因を抽出・分類・特定し評価することで、マネジメントシステムでは重要な位置づけとされています。「いつも」ある要因を抽出することは、フォーマットを使えばそれほど難しいことではなく、繰り返し災害を防止するには有効です。

　しかし、災害は予想しない「たまたま」のことが複合して発生します。そのため、それらを有害要因として抽出することは難しいことです。

　また、要因が特定できてもごくたまにしか発生しないことで、措置には大きなコスト負担を伴う場合、評価にどのようなランクを付けるかは、さらに難しくなります。

　ヒューマン・エラーは、「たまたま」のことが重なって発生するケースが多いのです。

　事故・災害を起こした人にその原因を聞くと「あの時はたまたま……」という言い訳をします。そんな時、私は「たまたまを逆に読んでごらん」と言います。

　男は、決して言い訳はしないものです。

5.「おはよう」の挨拶をしていますか

　私たちの一日は「おはよう（ございます）」で始まり、「おやすみなさい」の挨拶で終わります。建設現場でも「おはよう」の挨拶を毎朝仲間同士では交わすようですが、同じ現場でも他職との挨拶は少ないようです。

　芝居や映画、音楽関係者や花柳界などでは、昼過ぎや夜中でも「こんにちは」、「こんばんは」とは言わず「おはようございます」という挨拶から始まります。「おはようございます」は朝の挨拶言葉ですが、彼の社会で朝以外に使うのは「さあ、これから仕事を始めるぞ」という一日の始まりの気持ちが、挨拶という文化になったのでしょう。

　朝の仕事始めに現場をまわって、作業者に「おはよう」と声をかけると、どんな無愛想な若者でも必ず「おはよう」と返してくれます。でも午後から「こんにちは」というのは、現場の挨拶としてはどうも締まりません。

　この頃、24時間作業の土木現場では、中礼と呼んでいた真夜中

のミーティングを朝礼と呼び、「おはよう」と挨拶をしていると聞きました。

建設現場でも映画演劇等の社会のように、いつでもどこでも「おはよう」の挨拶はどうでしょうか。挨拶には感謝の気持ちが込められているので、「おはよう」の挨拶が気軽に現場内を飛び交えば、作業の連係が円滑に進み、QCDSや仲間とのコミュニケーションが向上してヒューマン・エラー防止となり、現場の事故・災害防止に役立つかもしれません。

> ★ **ありがとう ごめんなさい さようなら**
>
> 映画「尾道シリーズ」の大林宣彦監督は、「ありがとう」、「ごめんなさい」、「さようなら」が人生の基本だと言います。人が話し合えば必ずこれらの言葉が出てくる、それを煩わしがってはだめだというのです。
>
> 「ありがとう」は感謝、「ごめんなさい」は謝る、「さようなら」は別れでしょう。人と人が出会い、生きて行くそれぞれの場面でこれらの言葉は使われます。人を傷つけ「ごめんなさい」の一言が言えなかったばかりに、一生その思いを引きずることがあります。
>
> また、許し合い、「ありがとう」の気持ちになることもあります。
>
> 私たちの仕事も、この3つの言葉が気軽に言える空気がただよう環境づくりが大切です。そこにグッド・コミュニケーションが生まれ、相互注意が遠慮や気兼ねすることなく受け入れられるようになるのです。
>
> 「ありがとう」 「ごめんなさい」 「さようなら」
>
> わずか5～6文字の言葉は人生だけでなく、安全の基本でもあるのです。

6. 失敗学のすすめ

元東京大学教授の畑村洋太郎先生は、失敗学という言葉を提唱しています。失敗とは「人間がかかわって1つの行為を行った時、

望ましくない予期せぬ結果が生じること」と言います。

　誰でも失敗は隠したがります。失敗には負のイメージがあって、恥であり、減点の対象となると考えます。

　その失敗のマイナスイメージをプラスに変えた事例があります。

　大手ゼネコンA社設計施工のドーム球場が竣工後に雨漏りがあり、野球観戦の観客がドームの中で傘をさしているカラー写真が、全国紙の一面に掲載されました。

　設計施工に技術と誇りをもつA社には大きな屈辱でした。急遽、全国の支店から専門の技術社員を招集し、雨漏り現場に張りつけて全社をあげて原因究明にあたりました。全国から集まった技術者たちは失敗の原因を現場で、自分たちの目で見て考え対策を行いました。貴重な経験を共有した技術者たちは各支店に帰り、同じような失敗を繰り返さないよう失敗の伝承に努めました。

　本社管理部門の一部の者だけではなく、広く全社に事の重大さを周知し全社で解決したことで、失敗をプラスイメージに変えたのです。

　畑村先生は「失敗はいくら何重に防止対策を講じたところで必ず起こる。起きてしまった失敗に積極的に取り組めば、その後の創作のヒントにもなり、次の大きな失敗を未然に防ぐことができる。だが、反対に失敗を隠し、原因追及を怠れば、より大きな失敗へと成長してしまう」と言います。

　最近は自動車や乳業、製菓等の現場で、失敗を隠して大きな社会問題となりました。

　「失敗」という言葉を、ヒューマン・エラーや労働災害に置き換えてみると、ピッタリと収まります。

7.「面倒くさい」をなくす方法

　何かするのが煩わしい、手数がかかると感じることなど、つい目先の利益だけで動くことがあります。しかし、「面倒くさい」は、ヒューマン・エラーにつながります。

　面倒なことは得てして難しく複雑だから、難しいことは簡単に、複雑なことは単純化してやさしくなるように、シンプルライフが流行りです。社会の仕組みが複雑化した反動かも知れません。反対に選挙と離婚の仕組みはできるだけ面倒なほうがよいと言われます。面倒なことは、場面ごとによく考えて行動するからでしょうか。

　高所作業では安全帯を使えといいます。しかし、いまでも建設業の労働災害の種類別死亡者数では、墜落が約4割を占めています。安全帯は付けていても使わないのです。面倒なのでしょう。

　電力の送電線鉄塔の組み立ては高所作業で山間へき地が多く、災害時の救命救急は容易ではありません。そこで墜落災害をなくす方法として、高所作業中は絶対に安全帯フックが外せない仕組み「キーロック方式安全ロープ」を生み出し、鉄塔作業の墜落災害を大きく減らしました。

　これは親綱の綿密な配置計画が基本です。作業者は地上の垂直親綱に取り付けたフック付き子綱の端部金具（ロックレバー）を、自分の安全帯に着装したキーロック装置に取り付けると鍵が掛かります。水平移動時等の子綱交換は、あらかじめ親綱に仕込んである子綱のロックレバーを、キーロックの2つある穴の使っていないほうに差し込むと、使用中の子綱が外れます。だから無ロープ状態になることがなく、ロープは地上に下りて作業長のキーがなければ外れません。

このシステムの優れているところは、「面倒くさい」ことの中で、煩わしく手数がかかることを計画段階で処理し、難しいことをやさしくして、作業者自身の「面倒くさい」をなくしていることです。このシステムを外の産業で採用することは難しいのですが、現場での「面倒くさい」を徹底排除したその考え方には学ぶべきことが多いので紹介しました。

　面倒なことは、絡まった糸をほどくように、順序よく解きほぐしてみることです。

8. 大安吉日・仏滅吉日

　現場を預かっていた頃、事務所の壁面に大型で文字だけの1年分のカレンダーを横に並べて張りました。現場管理は常に数カ月先を読んで動きますから、1年分が一目で見えるのは、事務所の共通認識として至極便利です。

　カレンダーには、現場目標のマイルストーンや年間休日などをマークしますが、大安、仏滅などの六曜の印字は修正液ですべて白く塗り消しました。手帳も六曜の記載がないのを探します。六曜を避けるのは、仕事上の判断を運勢や占いで惑いたくないからです。

　人間はいつも強い心で生きて行けるわけではなく、精神的に弱い立場の時は何かに頼りたい気持ちになります。しかし、なまじ運勢や占いなどを知らなければ自分の判断で合理的な選択ができます。

　六曜には便利なこともあります。建設工事は吉日を選んで、地鎮祭や竣工式などの祭事を行いますが、発注者や設計・施工業者など、多くの関係者の都合を聞いて祭事の日程を調整するのは難

しいことです。そんな時、「この日は大安吉日で、最良の日です」と説明すれば容易にまとまります。これを逆手にとり建設会社の社内行事の多くは、祭事がない友引や仏滅に行います。

仏教各派でも、寺院で使う暦に運勢や占いの記述があるのは、本来の教えに反するのではないかとの疑問があるようです。六曜で仏滅という言葉がありますが、仏教と何の関係もなく、宗派によっては六曜を排除しているところや、その関わりを否定する断り書きを載せています。神道では六曜は無縁ですから、暦には載せていないもの、別刷りにしているものとさまざまです。しかし、これだけ社会に溶け込み、日々の生活のリズムとしている人もいるので、全否定はできないようです。日々変転する社会で生きて行くためには、自ら強い意志を持って運勢や占いに惑わない仕組みをもつ必要があります。

最近の事故・災害は施設の不備よりも、ヒューマン・エラーに起因するものが多数あります。しかし、多くは人の心が複雑に絡むので、発生メカニズムの解明は容易ではなく、防止対策は難しいことです。

ヒューマン・エラーは人間の特性から生じるもので、このことを認識した教育と防止対策が必要なのです。

9. 社員教育と難民救済

アフガニスタンは同じイスラム圏にあって、戦後の混乱したイラクの陰に隠れ、忘れられようとしています。2001年12月のタリバン政権崩壊後アフガニスタンで初めて制作された映画「アフガン零年・OSAMA」は、世界各地の映画祭で受賞を重ねました。この映画のバルマク監督は2004年に来日し、テレビインタビュー

で「国の危機は教育のないところから起こる。いまアフガニスタンで一番必要なものは教育だ」と語りました。同じ頃、元国連難民高等弁務官の緒方貞子氏は、ある講演で「難民救済に最終的に必要な支援は教育だ。だが、現状の支援は食料や施設などが多く、教育のように結果がすぐに見えないことには支援が少ないうえ、しかも減少傾向にある。国連の難民救済活動は、各国の自発的拠出によって展開されているため、常に資金不足だ」と述べています。ともに国民の教育の重要性を述べていますが、教育は普及しているが平和ボケした日本では、真の理解は難しいことです。

ところで、日本では表向き産業安全の大切さが言われていますが、学校教育では安全は教えておらず、企業や労働災害防止団体等の講習、研修が唯一の教育の場です。しかし、講習会等を企画しても参加は少ないのが現状です。

教育が戦争と国の危機を救うように、安全教育は企業に安全文化を育てます。安全教育は、受講すれば翌日から災害が減るものではありませんが、あるときヒューマン・エラーからその人と仲間を救います。

アフガニスタンは2004年10月に正式な政権が発足しましたが、いまだに武装グループや利害対立、米軍のテロ掃討作戦で治安は安定していません。

難民教育と企業の安全教育は違うことは、十分承知しているのですが……。

第2章
ヒューマン・エラーを防ぐために

ヒューマン・エラーは人間の思考と行動に由来しますから、発生をゼロにし、それを維持することは非常に難しいことです。しかし、目標をゼロに向けて努力を続けることで、ゼロに限りなく近づけることができます。

　そのために過去の災害事例から学び、類似災害防止に努めることです。本章ではヒューマン・エラーによる災害事例を、日常作業での切り口で取りあげて、原因のなぜ（why）や現実的な予防策について関係法令とともに考えてみます。

1. 階段で転ぶのは老人だけではない

　家庭という言葉には何か安全なイメージがありますが、家庭内事故は意外に多いのです。

　家庭内事故による不慮の死亡者は年間で1万人を超え、交通事故死亡者よりも多いことに驚きます。

　事故の起こりやすい場所は、①居間、②台所、③階段で、商品・設備別件数では、①階段、②包丁、③たばこ、④風呂場の順で多く発生しています（厚生労働省、人口動態統計年報）。

　人口動態統計年報では、平成12年度に家庭内で階段や段差のあるところで死亡した人は家庭内事故死亡者数（1万1155人）の3.7％（413人）です。この内65歳以上は161人と全体の4割弱ですから、階段事故＝老人ではないのです。

　起因物としての階段災害の原因の多くは、両手に物を持っての昇降です。物を持つことだけに気持ちが集中し、足元の確認がおろそかになるのです。

　労働災害でも、手に物を持っての階段（梯子、脚立、足場）等の昇降での災害は多く、足を滑らせて墜落・転落し、仰向けに落

ちた場合は頭を打ち死亡する場合もあります。

　家庭内だけでなく、駅でも事務所でも階段等の段差はどこでも危険な場所と認識することです。この認識がヒューマン・エラーを防ぎます。

<事例>
(1) 壁の仕上がり具合を見ながら階段を降りてきた時、階段に巻いた状態の溶接用キャブタイヤケーブルに足を引っ掛けて転び、膝部を骨折した。[H2]
(2) クレーンの運転室から鉄骨階段を下りる際に踊り場の手前で足を滑らせ転落し、くるぶしを骨折した。[H2]

注：事例の中のH1・H2……は、(社)日本建設業団体連合会編「建設業におけるヒューマンエラー防止対策事例集」(労働新聞社)におけるヒューマン・エラー要因の分類を示しています。(第3章「まとめ」を参照)

　(1)のような階段に物を放置し、つまずく災害は多く発生しています。安衛則544条は作業上の床面は、つまずき、すべり等の危険のないものとし、かつ安全な状態に保持するよう規定しています。階段は十分な照明を維持し、キャブタイヤケーブル等の転がし配線はつり上げ、通路・階段には物を置かないことを繰り返しアピールするとともに、「この場所に物を置くこと禁止」の標識を効果的に配置します。

　(2)の鉄骨階段は、踏み面の鉄板の曲角がすり減っていたり、雨などで濡れたりすると滑りやすくなります。ノンスリップや滑り止めテープが有効です。仮設事務所なども同様の階段で、災害事例が多くあります。

2. トラックの荷台は危ないところ

　映画「となりのトトロ」で、サツキとメイの一家が引越しで、三輪車の荷台に荷物と一緒に揺られて行くシーンがありました。当時のトラックは乗用車より身近な存在でした。

　テレビなどの発展途上国の映像には、トラックの荷台に大勢の人が乗っているのが見られます。日本でも少し前までは、トラックの荷台に人が乗るのは当たり前でした。

　トラックの荷台の高さは、1.2m程度と低いので荷降ろし作業などで気軽に荷台に上がります。しかし、荷台上の積荷の高さが80cm以上あると、積荷の上では地上から高さが2m以上となり、安衛法上の高所作業に該当します。

　高所作業では作業床をつくるか、それが困難なときは安全帯やネットなどを使用する必要があります。

　安衛法518条2項（作業床の設置等）の解釈例規に「労働者に安全帯を使用させる等の「等」には、荷の上の作業であって労働者に安全帯を使用させることが著しく困難な場合に、墜落による危害を防止するための保護帽を着用させる等の措置が含まれること」があります（昭和50・7・21 基発415号）。

<事例>
(1) トラックの荷台で積荷の鋼材を玉掛けしようとしたところ、鋼材が崩れあわてて飛び降りて足を骨折した。[H2]
(2) 木造家屋解体で、トラックの荷台の上で廃材を仕分け作業中に体のバランスを崩し転落、死亡した。(保護帽未着用) [H1・H2]

　2つの事例とも、類似の災害事例は多発しています。

複数の積荷がある場合は、作業順番が先の部材を上に積み、上下の部材を別々の台付けで固定することで、荷崩れによる災害を防ぐことができます。

　資材搬入等の契約条件では、荷取りの順序や車上荷渡しか荷降ろしまでかなどの責任範囲を決めておきます。

　保護帽を着用することにより、飛来落下や墜落での衝撃を和らげるだけではなく、作業への姿勢が変わります。

　「トラック荷台は危険なところ」という知識をもって作業し、玉掛け作業は必ず有資格者が行ってください。

3. 台付けワイヤーロープで玉掛けしていませんか

　玉掛け用ワイヤーロープは、使用目的が荷のつり上げで、安衛法や関連法規およびクレーン等安全規則で構造などが規定されています（安衛則475条（ワイヤーロープ及び鎖））。

　「台付け」は、一昔前は玉掛けに使うワイヤーロープを指すことがありましたが、安衛法制定（1972年）以降は2つの言葉は区

玉掛け用ワイヤーロープ　　　台付け用ワイヤーロープ
　　（ひげ数：計12）　　　　　　（ひげ数：計6）

別しています。安衛則で台付け用ワイヤーロープは「台付け索」と呼ばれ、その使用目的はサドルブロック、ガイドブロックと呼ばれる滑車等を支柱等の固定物に取り付けるものです（安衛則499条4号）。

　台付け用と玉掛け用のワイヤーロープの外観上の区別は、編み込んだアイスプライス部分の素線切断跡の箇所数の違いでわかります。

　台付け用ワイヤーロープのアイスプライス部分は、素線切断跡の箇所数が6カ所で、編み込んだ部分と元のワイヤーロープの太さの減少が急激です。

　玉掛け用ワイヤーロープでは素線切断跡の箇所数は12カ所で、なだらかに細くなっています。

　安全係数でも、玉掛け用では6以上に対し、台付けでは4以上と大きな差があります（安衛則469条・500条、クレーン則213条）。

　圧縮止め加工は玉掛け用ワイヤーロープですが、小さい蛇口に大型クレーンの大きなフックを無理に何度も掛けると、蛇口の圧縮止め端部に繰り返しの曲げ力がかかり、鋼線が折れて切断することがあります。また、荷の下から引き抜く時引っ掛かりやすいことがあります。

　玉掛け作業は有資格者（技能講習修了者）が行い、絶対に台付けワイヤーロープで荷のつり上げをしてはなりません。

<事例>
　移動式クレーンで、角形鋼管（長さ4m、6cm角）の束（50本、800kg）を、3束まとめて2本のワイヤーロープで玉掛けしつり上げ旋回移動した時、1本の玉掛けワイヤーロープが切れ荷の下の被災者の上に落下した（死亡）。[H2]

　原因は用意された玉掛けワイヤーロープ（7m）を被災者が4.8mに改造し使用したため、つり角度が130度となってクレーン等安全規則に定められた安全係数6を下回る状態となり、切断したものと思われます。事例のワイヤーロープは玉掛け用で径10mm、24本線6よりのもので、切断の原因となる欠陥はありませんでした。

　玉掛け用ワイヤーロープでも、改造やつり角度でこのような災害が発生します。

4. 脚立が可搬式作業台（たちうま）になっても

　脚立は安衛則528条に「踏み面が作業を行うために必要な面積を有すること」と規定があります。鋼管パイプを組み合わせただけのものは、踏み面がないので脚立ではありません（通称「パイプうま」で、脚立足場の架台として足場板と併用して使用され、単独使用はできない）。

　起因物別死傷者数で、脚立・うま

からの墜落災害は全災害の約7%を占めるほど多いのです。

通称「たちうま」と呼ばれるアルミニウム合金製可搬式作業台は、移動式室内足場とは違います。

<事例>
(1) 昼食時間になったので、脚立から降りようとして踏み面で足を踏み外し、仰向けに転倒して脳を挫傷した。[H2]
(2) 3連並べた脚立の天板に敷いた足場板から降りる途中に足を滑らせた。[H2]
(3) 脚立天板上で壁鉄筋を曲げようと力を入れたとき、結束線が切れてバランスを崩し後ろ向きに飛び降りて足を骨折した。[H5]
(4) 2mのアルミ製脚立の天板上で作業中バランスを崩して転倒し、腕を骨折した。[H1・H2]

類似災害は、多数発生しています。昼食や休憩時間直前は、集中していた作業と昼食などそれ以外への行動と気持ち（今日は何を食べようかな、など）の切り替えがスムーズにいかないもので、

一日の内で午前10時、12時、午後3時、終業時付近の時間帯に被災が多いのです。

　脚立作業には、①天板上で作業しない、②足場板を使用する時は3点支持、③足場板の重ねは20cm以上、④足場板の結束固定、というルールが守られないことや、脚立からの墜落・転落災害の多発から、ゼネコンでは現場から脚立を追放（使用時は許可制のところもある）した会社（現場）があります。

　脚立（高さ1.8m）の天板上での作業は高所作業ではなく、安衛法令に禁止規定はありませんが、脚立上からの墜落転落災害防止のため、①〜④は建設業界のルールとして定着したもので、良い習慣として残しておきたいものです（安衛則563条2項）。

　脚立を禁止した現場では、代わりにアルミニウム合金製可搬式作業台（たちうま）を使っています。「たちうま」の高さは脚立と同じで、違いは天板が幅40cmと広いことです。しかし、最近では脚立より可搬式作業台からの墜落転落が増えています。

5．人は近道が大好き

　JR東日本埼京線十条駅近くの大通りに「駅への近道」という脇道の看板があります。距離的にはさほど近道ではないのですが、小道の両側にある楽しい商店街に気をとられて歩くと近道のような気がします。

　人には誰でも楽をして目的を達成したいという本能的な潜在意識（＝近道行為）があります。

<事例>
（1）　枠組み足場にストッパーを付けていた鳶工が、近くに昇降階段があ

るのに建枠の梯子状の水平補剛材を伝わって降りようとして、足を滑らせ墜落し足首を骨折した。[H3]
(2) 枠組み足場で外側筋かい部分を降りようとして、滑って墜落、全身を打撲した。[H3]
(3) 退場時に場内通路を外れて近道をし、深さ1.7mの擁壁掘削部に転落した。[H3]
(4) コンクリート打設でミキサー車通路を三角コーンとバーの立入禁止措置をまたいで横断し、ミキサー車に轢かれた。[H2・H3]

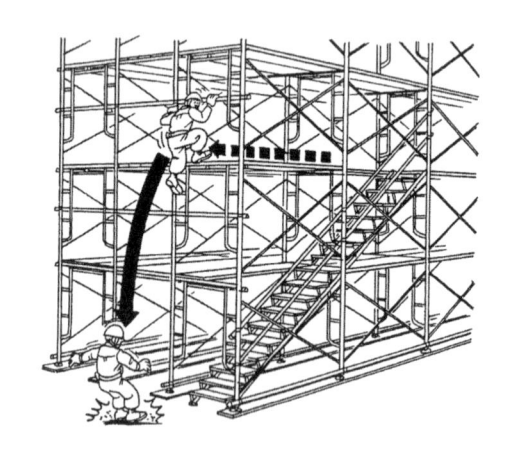

(1)のような枠組み足場ですぐそばに階段があるのに、建枠の梯子状の水平補剛材を伝い、または筋かいを伝い昇降しての墜落災害は後を絶ちません。水平補剛材はタラップと違い形状、間隔が一定でなく、交さ筋かいはピンが外れたり、細いパイプ（21φ）はしなり、斜めで滑りやすく体のバランスを崩したりします。

(3)では、場内通路は夕刻で薄暗く、ちょうど曲がり角部分の手すりがない所で、帰りがけですから少しでも近道をと、角を斜めに通ったのでしょう。手すりとともに足元を明るく照らす照明

が必要でした。

　枠組み足場の外部昇降を止めるには、ネットを全面に張ることが効果的です。

　近道行為はヒューマン・エラーの典型ですが、禁止標識等の効果はほとんど期待できません。真に立入禁止とするには、訓練された警備員（監視員）の配備が効果的ですが、それが不可能ならば入ることを断念させるもの、たとえば、大人の背丈ほどのネット（網目が大きく透けて見えるもので可）を張り巡らすなど、物理的に阻止することです。

6. 切れない携帯用丸のこは使うな！

　一昔前の型枠大工さんは、休み時間になると「はなまる」という大振りののこぎりをヤスリで目立てをしていました。

　よく目立てをしたのこ歯で左右の振れを調整したばかりの「あさり」（歯振・目振）に、縫針を乗せると、スーッと針が滑ります。大工さんは目立てをして幅が新品の半分くらいに細くなった「はなまる」を大事に使っていました。

　いまではそんな大工さんは滅多にいませんが、「はなまる」が電動の携帯用丸のこに替わっても、丸のこの刃を目立てや調整をして使っている人もいます。

＜事例＞
（1）鳶工がバタ角を携帯用丸のこで切断していたが、丸のこの刃が木材に食い込んだため、回転させたまま手前に引いたところ、反動で自分の右足大腿部を切創した。[H1・H2・H4]
（2）作業員がコンクリート床上にバタ角を敷き、型枠用合板を携帯用丸

のこで切断中、丸のこの刃がはさまり停止したが、そのまま力を入れて押したところ、突然丸のこが回転し自分の方へ跳ね返って右足指を切創した。[H1・H2・H4]

　大工さん以外は、携帯用丸のこの手入れをせずに、モーターが悲鳴を上げる切れない丸のこをむりやり使っています。10cmのバタ角は通常の丸のこでは刃が届かず、一度に切れません。
　携帯用丸のこは、割歯がないため刃がかみやすく、とくに刃の手入れをせず、煙を上げて切っているような状態は危険です。
　道具の手入れや刃の交換は、災害防止に大きな役割を担っています。

7.　大腿部切創その時……救急法を学ぼう

　人間の総血液量は体重1kgあたり約80mlで、一時にその3分の1を失うと生命に危険を及ぼします。体重75kgの人なら総血液量は約6,000ml（大ペットボトル2,000ml入が3本分）ですから、大きいペットボトル1本分以上の出血は危険ということになります。

携帯用丸のこなどで大腿部内側を切創した場合、大腿動脈が傷つき容易に血が止まらず、生命が非常に危険な状態になることがあります。

万一、現場でこのような災害が起きた時は、直ちに119番通報で救急隊を要請し大腿部出血の情報を伝えてください。救急車が到着するまでの間、被災者を上向きに寝かせ、手のひらをそけい部（股の付け根）の中央に当て、肘を伸ばし体重を掛けて圧迫し止血をします（赤十字救急法教本）。

救急法とは病気や怪我、災害から自分自身を守り、急病人や怪我人を正しく救助し、医師に渡すまでの応急の手当てのことです。

「自分の身は自分で守る」というヒューマン・エラー防止の基本に通ずるところがあります。

救急法は、各地の日本赤十字社が講習会を開いていますので、受講されることをお勧めします。

8. 敷き鉄板は重量物

工事現場で軟弱な地盤対策として、敷き鉄板の使用が一般的になっています。

敷き鉄板は大きさに比べ薄いため、クレーンなどでつり上げると、とても軽そうに見えます。しかし、一般的な縦1.5m×横6m×厚22mmの敷き鉄板は、重さが1枚約1.6tあります。

<事例>
（1） 積載型トラッククレーンを使って敷き鉄板を荷降ろししながら敷きこみを、同僚と行っていたが、鉄板の下端が地面に接地したとき、玉掛けワイヤーが緩み、鉄板がトラックに倒れかかったため、支えよう

と鉄板に手を掛けトラックとの間に挟まれて左手指を骨折した。
[H2・H4]

(2) ドラッグショベルを使った敷き鉄板撤去作業で、バケットに溶接されたフックにフック付きの玉掛け用ワイヤーロープを一本掛けし、敷き鉄板をつり上げトラックに積み込む時、荷台上でワイヤーロープが緩み風に煽られ落下し、トラックわきの作業員が下敷きになった。
[H2・H4]

事例のような類似災害が繰り返し発生しています。

災害防止には、敷き鉄板は重いものという知識とともに、積み卸しにはクレーンを使用し、パワーショベルなどの用途外使用はしない（安衛則164条2項）、敷き鉄板に開けられた楕円形の吊専用開口を使った専用フックと玉掛け用ワイヤーロープを使用する、また、玉掛け技能講習修了者で作業を行ってください。

ドラッグショベルの旋回速度は移動式クレーンの3～4倍あり、微動調整が効かないため操作が難しく、用途外作業は危険を伴い

ます。

　安衛則164条では、車両系建設機械の主たる用途外使用は禁止しています。ただし、安全な作業の遂行上必要な時、または作業の性質上やむを得ない時は使用できることになっています。その場合は以下の安全作業の遂行に必要な措置をすべて行う必要があり、安易に都合のよい解釈としないことです（平4・10・1 基発542号）。

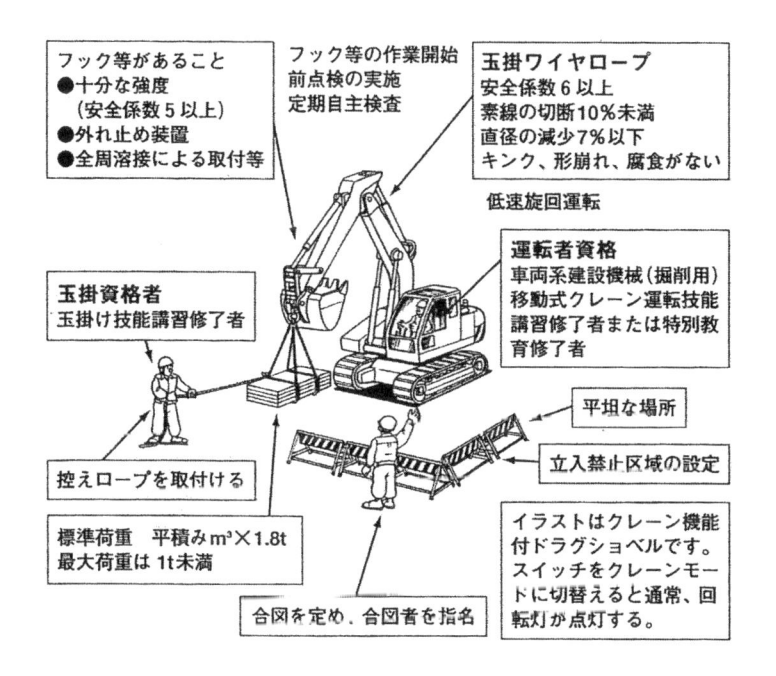

```
フック等があること          フック等の作業開始      玉掛ワイヤロープ
●十分な強度                前点検の実施            安全係数 6 以上
  （安全係数 5 以上）        定期自主検査            素線の切断10％未満
●外れ止め装置                                      直径の減少7％以下
●全周溶接による取付等                               キンク、形崩れ、腐食がない

                                                    低速旋回運転

                                                    運転者資格
玉掛資格者                                          車両系建設機械（掘削用）
玉掛け技能講習修了者                                移動式クレーン運転技能
                                                    講習修了者または特別教
                                                    育修了者

                                                    平坦な場所
控えロープを取付ける                                立入禁止区域の設定

標準荷重　平積みm³×1.8t                           イラストはクレーン機能
最大荷重は 1t未満                                  付ドラグショベルです。
                                                    スイッチをクレーンモー
                                                    ドに切替えると通常、回
              合図を定め、合図者を指名              転灯が点灯する。
```

9. 鉄筋（差し筋）の先端は凶器

　生け花で、花器の底に沈め花の茎を固定するための剣山という鋭いたくさんの針が上向きに生えた道具があります。きれいな花

とは対照的な剣山を見るとゾクッとしますが、建設現場でコンクリート床面に細い鉄筋が先を曲げず並んでいるところを見ると剣山を思い出します。

<事例>
(1) コンクリート均し作業中の左官工が腰をかがめて後ろ下がりで床を均し、その区画が終わり、やれやれと腰を下ろした時、真下に壁の差し筋があり、鉄筋が肛門に突き刺さった。[H6]
(2) 足場間に架けた足場板が折れて真下に数メートル落ち、下の16mm鉄筋に……。[H2]
(3) 型枠組立中に脚立から足を滑らし、落ちたところに壁差し筋があり頚部に刺さった。[H2]

多くの現場では、壁などの細径鉄筋（16φ以下）では先端にフックが付いていません。そこで事例のような災害事例はとても多いのです。

体に鉄筋が刺さり内臓や動脈を損傷すると命に係わります。昭和40年代からは、鉄筋が普通鉄筋（丸棒）より異形鉄筋が多く使用されるようになり、先端のフックはなくなりました。異形鉄筋の先端を曲げる規定が、柱・梁の出隅部や煙突、腹筋、帯筋以外には、特別の場合を除いてないからです（建築基準法施行令73条、土木学会コンクリート標準示方書）。

鉄筋先端をキャップや板などで養生する方法もありますが、組み立て直後やコンクリート打設中は養生がなく、また型枠工事と次の鉄筋工事の前には必ず外すことになり、そのわずかな隙に災害が発生します。

鉄筋を曲げる費用は養生する費用と大差なく、悲惨な災害を防げます。異形鉄筋で細径鉄筋の先端は必ず曲げ、太径鉄筋は全数（必ず）にキャップ養生をしてください。

ヒューマン・エラーの発生をフックが防ぎます。

鉄筋の先端を曲げるだけで、現場の雰囲気が不思議にガラッと変わります。

10. 足指の災害……安全靴の使用

人はどんなにベテランでも、自分では気をつけたつもりでも、自信があっても、思い込みや錯覚、疲労、心配事などからヒューマン・エラーを起こします。

足指の災害は、障害部位別災害では全体の5％程度と少なく、怪我の程度も比較的軽いことから、他の部位に比べて軽くみられがちです。しかし、足指は体を支える重要な部分であり立ち作業には致命的です。

<事例>
(1) 手持ちさく岩機(エアー・ブレーカー)で転石を砕いている時、ノミの先端が滑って足指に当たり骨折した。[H2・H3]
(2) 床の足場板上に並べたH形鋼を同僚が跨いだ時、足を引っかけH形鋼が転倒して、前にいた被災者の足に落ち足指を骨折した。[H2]
(3) マンホールの蓋(45kg)を閉めようとして持ち上げ、手を滑らせてゴム長靴の足の上に落として足指を骨折した。[H1・H3]

事例のような何でもない普段の仕事で被災しています。

(1)の場合、ブレーカーを上部からつる、安全靴を履くなどの措置があれば足指の災害は防げたかもしれません。

安全靴の使用は事業者(被災者の雇用主)の措置義務で、事業者はその作業に最も適した履物を定めて、労働者はその使用を命ぜられた時は使用しなければならない決まりがあります(安衛則558条)。

ゼネコンは作業者に作業靴の使用を強制したり、作業を制限したりするのではなく、必要ならば当該作業者の事業者(協力会社)に使用を要請し指導します(安衛法29条)。

安全靴は地下足袋型など種類が豊富にあり、作業に適したものが見つかります。

11. そこで新聞が読めますか……照度70ルクス

　広告のキャッチフレーズには「おいしい生活」など時代を上手に反映した傑作があります。「明るい社会を作ろう」というコピーを、昔どこかで聞いたことがあります。

　この明るいは、光が明るいという意味ではなく、やましいところがなく公明正大の意味ですが、社会と同様に通路や作業箇所が暗いと、ヒューマン・エラーを誘います。

＜事例＞
(1)　11月末の午後5時頃、被災者は高所作業車で外壁の作業をしていたが、暗くなってきたので照明器具を取りに行こうと、高所作業車から足場板を枠組み足場に掛け渡し乗り移ろうとした際に、足元が滑り18m墜落、肋骨を骨折した。[H2・H3]
(2)　工事中の地下機械室ピットの基礎梁上に掛け渡した足場板上を移動中、足を踏み外し2.5m墜落し骨盤を骨折した。[H2]
(3)　地下への仮設階段を下りる際、明るい外部から急に暗い箇所に入ったため、目が慣れず先に降りていた同僚の手を踏んで同僚が指骨を骨折した。[H6]

(1)では冬の日は暮れるのが早く、早めの照明の準備と点灯が有効です。

(2)の地下ピットは2.5mの深さがありましたから、まず囲い・手すりの必要があります（安衛則519条、653条）。

(3)の場合、階段室の照明は一般に薄暗く、白熱電灯を使用すると球切れ時に急に暗くなり危険です。地下室や階段などに蛍光灯（電球型を含めて）を使うと、明るく寿命が長く、球切れ時でも点滅して一度に暗くなりません。

労働安全衛生規則によると、作業場所の明るさは最低70ルクスと決められています。70ルクスとはどの程度の明るさでしょうか。

私の子供の頃のごく一般的な住宅の便所は、1畳くらいの薄暗い部屋で、40ワットの裸電球が大小便所の真ん中にボーッと灯っていました。トイレットペーパーなどない時代で古新聞を切って箱に入れていました。薄暗い便所で古新聞を読むのはチョットした楽しみでした。あの明るさがほぼ70ルクスです。

70ルクスといわれてもピンときませんし、まさか便所の明るさとも言えません。そこで私は新聞が読める明るさがあれば70ルクスは確保され、安全な作業ができると考えました。

安全作業には作業場所だけでなく、その周囲も十分な明るさが必要です。照度不足による見間違い、つまずきなどヒューマン・エラーの原因はこんなところにもあるのです。また50歳以上の高年齢作業者は目の機能が落ちています。カメラにたとえればレンズはF1.4がF4になり、表面は汚れ、フィルム感度も200が50に落ちているのです。この状態でよい写真を写すためには、フラッシュをたくか、シャッター速度を落とすか、絞りを開ける必要があります。あなたなら、どうしますか。

12. 作業中の携帯電話、どうしていますか

日本の携帯電話世帯普及率は、10年前（95年）には10%であったものが、2005年末では約90%です（内閣府調査）。

このように急激に普及した結果、社会では携帯電話によるさまざまな支障が発生しています。その1つに自動車を運転しながらの使用による交通事故の増加があり、1999年11月道路交通法が改正され、走行中の使用が禁止されました。

法改正以前（1999年）の携帯電話による交通事故は2,418件で、死亡事故も24件発生しています。

携帯電話の交通事故は、ヒューマン･エラーの典型事例です。通話の送信時より受信時の事故が多く、急にかかってきた電話への対応で、一時的に運転の注意力がそれるからです。受信時には、運転中に突然呼び出し音が鳴り、通話することでドライバーの意識は電話の相手に向かい、その分運転に対する集中力に欠けて「上の空運転」になります。また、送信時の操作中の事故は、危険を感知してからの人間の反応時間が通常の2～3倍も遅れるからで、最高1.3秒もかかることがあり時速60kmでは約22mも走行してしまいます。

同じことが現場作業中でも起こらないでしょうか。

現場で高所作業中に、タラップの昇降中に、クレーンの操作中に、玉掛け作業中に、携帯電話が鳴ったら車の運転時と同じような状態になります。

厚生労働省の労働災害の起因物分類コードには携帯電話はありませんから、携帯電話による災害発生数はわかりませんが、災害事例は数件報告されています（建築業協会・災害事例集）。

最近は近隣への騒音配慮等で場内の拡声器での連絡が難しく、

携帯電話は連絡手段として重要です。しかし、せめて作業中はスイッチを切る、できなければ、通話禁止時間帯や通話禁止箇所の設定などの現場ルールを作る必要があります。さもないと、いつか携帯電話による大きな災害が必ず発生します。

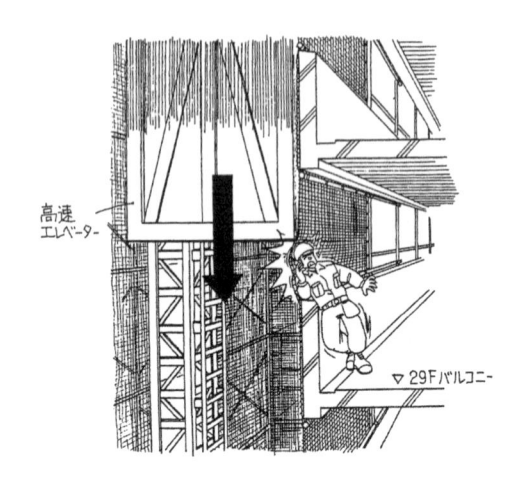

<事例>
(1) 高層集合住宅工事の29階で、バルコニーに面して工事用エレベーターの昇降があり、垂直養生ネットが張ってあった。被災者は昇降路ネットに寄りかかって電話を使用中、下降してきたエレベーターと本設手すりの間に頭を挟まれた。
(2) トラック荷台からH形鋼を荷降ろし中、つり上げた荷が引っ掛かり押さえようとしたが支えきれず飛び降り、その上に鋼材が崩れて落下した。このとき同僚は荷台上で携帯電話で通話中で、災害に気づかなかった。

第2章 ヒューマン・エラーを防ぐために 105

★ キョロキョロ運転のすすめ

元F1ドライバーの中嶋悟さんがこんなことを言っています。

「クルマに乗ったら気持ちを前ばかりに集中してはダメ、キョロキョロ周りを見なさい。そして自分のクルマが今どんな状況の中にいるのかを常に把握しなさい。変な音がしないか、いつもと違う匂いがしないか、五感を総動員しなさい。そして、できれば自分のクルマがヘリコプターから空撮されているようなイメージを頭の中に描きなさい」

こうすれば自分の乗っているクルマと、同じ道路を動いている他のクルマや歩行者との相対的な位置関係やクルマの状態がわかるので、トラブルが発生しても即座に回避できるというのです。

前ばかり見ていては空撮のイメージは浮かびません。バックミラーやサイドミラーを使って頭の中に三次元イメージを形づくるのです。

私たちの建設工事でも同じことが言えます。いま自分がどのような状況にあるのか。ほかの仲間や他職との関係はどうか。自分のいる位置はどうか。足場、脚立の上か。トラックの荷台か。開口部の際なのか。クレーンの位置はどこか。こんなことを、自分を中心に空撮のイメージで描いてみるのです。それは目だけではなく、音、匂い、振動、空気のゆらぎなど、人間が感じることができるあらゆる感覚を総動員します。そして危険をいち早く予測、察知し適切な回避行動をとるのです。

これがいわゆる〈職人の勘〉というものかもしれません。

13. 手指の挟まれは、ヒューマン・エラー？

熟練工の手指は触れただけで数ミクロンの研磨の差を感知し、野球の投手は手指のわずかな握り具合で多彩な変化球を繰り出すなど、人の手指は複雑な働きをします。

このように大切な手指ですが、建設災害の型別死傷者数では、墜落（35％）、飛来落下（16％）についで、こすれ（12％）、挟ま

れ（11％）があり、その72％は手指の挟まれです。製造業の型別死傷者数では、挟まれが70％を占め重点対策になっています。

挟まれによる手指の災害は、その多くが「本人の不注意」として処理され、ヒューマン・エラーだと言われ、被災者自身もそう思っています。

しかし、人は誰でも誤りを犯すのですが、ほんの少しの知識が災害発生を救うのです。

<事例>
（1） 折り畳んだ移動式室内足場を1人で広げていた時、開いた部分の重量を支えきれず脚柱と布板の間に指を挟み骨折した。[H1・H2]
（2） アースドリル掘削機のブームで主索の収納作業中、ブームの先端に乗ってワイヤー・ロープをシーブから外すため、ワイヤーを手に持った時、誤ってオペレーターがワイヤーを巻き上げたため、左手をシーブに巻き込まれ、手指を骨折した。[H1・H2・H3・H5]
（3） オールケーシング杭工事で上下のケーシングのジョイント作業中に指を挟まれた。[H2]

（1）の移動式足場での事故の原因は、2人で行うべき作業を1人で行った取扱方法の誤りです。事例のように、ときには同じ機種で繰り返し災害を起こしている製品がありますが、そのような製品は災害情報を収集し組織として再度使用しないように周知し、再発を防ぎます。

（2）の場合、「動索は絶対に手を触れるな」と新入社員のとき先輩から教えられました。手は緊急時に緊張し握りしめるからです。やむを得ない時は、桟木やバタ角などを使うなど間接的に触れる方法で対応します。

（3）のケーシングでの挟まれの災害発生は多く、防止にはオペ

レーターへの合図者は無線や手合図などのワンウェイではなく、大きな声や笛などで伝達し、目と耳同時に複数の情報で関係者全員の注意を喚起することが効果的です。笛の合図は最近ではあまり使われなくなりましたが、見直して欲しいものです。

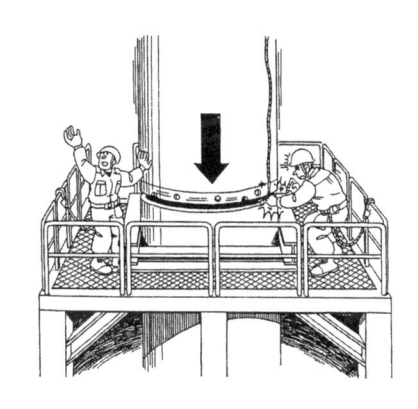

★ケガをしないおまじない体操（指折り数えて）

人間が他の動物に決定的な進化の差をつけたのは、脳と手指の発達でしょう。

幼児が数をはじめて覚えるとき、指を使います。はじめのうちは1つと言っても指は2つになっていたりします。指を思いどおりに動かすには、脳から大量の情報を手に流す必要があるのです。

そこで毎朝ラジオ体操、TBM（ツールボックス・ミーティング）も終え、さあこれから仕事にかかろうという時、このケガをしないおまじない体操をしてください。

まず両手を開いて顔を洗うような格好にし、どちらか一方の親指をあらかじめ折っておいてください。この状態から1つ2つ3つ……と数えながら両方の指を同時に折っていきます。5つまで折った時、はじめに親指を折ったほうの手は小指が立った状態で、もう一方の手は全部閉じたグーになります。10まで数え終えて、はじめの状態になっていればOKです。

やさしそうでなかなかできないものです。なんどもやってみるうちに頭と手の回路がしっかりとつながり、仕事もうまくいき非常時にもすばやく対応できますから、ケガも防げます。眠気のさめない頭と体がこれでスキッとします。

14. たった1秒のタイムラグが……アーク溶接機の電撃防止装置

　交流アーク溶接機はどこの現場にもありますが、感電による死亡災害の約16％は交流アーク溶接機によるものです。

　交流アーク溶接機には、自動電撃防止装置（電防装置）が付いていますから、感電の恐れはないはずですが、感電災害はわずかな隙を突いて発生します。

> **＜事例＞**
> （1）　高層ビルの室内足場上で天井下地の組み立て作業中に、溶接棒ホルダーを近くの下地に掛け狭い場所で体を動かした時、汗で濡れた体が溶接棒先端に触れ感電死亡した。[H2]
> （2）　山留め親杭にL型鋼材を溶接工と相番作業中、被災者が鋼材を素手で押さえ溶接工が溶接したところ、溶接機の帰線が鉄筋につないであったため、被災者の汗で濡れた背中が地中梁鉄筋に触れ感電死亡した。[H1・H2]

　電防装置は、アークが発生していない時の溶接棒と被溶接物間（母材）の電圧を自動的に25V以下に低下させ、アーク起動時のみ所定の電圧を得る装置です。溶接棒を母材に接触させると電防装置が感知し0.06秒以内に作動しアークが発生可能な状態にな

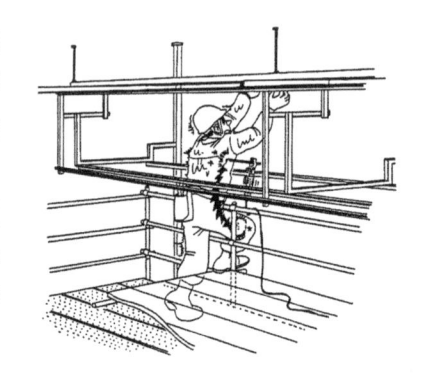

ります。アークを休止すると制御装置が働きますが、安全電圧（25V以下）になるまでの約1秒間（遅動時間）は、溶接棒と母材間に70〜90Vの電圧がかかっています。このわずか1秒間に災害が発生したのです。

この1秒という時間は意外に長いのです。

トリノオリンピックの金メダリスト・フィギュアスケートの荒川静香選手の話です。フィギュアスケートの競技規定にはスパイラルという動作を3秒以上維持することが求められていて、競技中に3秒をはかるのに「1、2、3」ではなく「1チョコレート、2チョコレート、3チョコレート」と唱えたといいます。1秒は「1チョコレート」ですから、思いのほか長く一瞬ではないのです。

遅動時間は次の連続作業を滑らかに行うために必要な時間で、1.5秒以内と規定されています（交流アーク溶接機用自動電撃防止装置構造規格第13条）。

汗で濡れた体は電気を通しやすくします。発汗を軽減する送風（冷風）装置の設置や溶接機を使わない作業計画が必要です。

また、溶接機の帰線は母材にクランプで直接またはできるだけ近い位置に取り付け、鉄筋や足場には絶対に接続しないでください。帰線はアース線ではありません。

感電を発見したら、まず溶接機の電源を切ります。切れない場合、救助者は2次被災しないよう乾燥した木材などに乗り、同じく乾燥した木材や竹棒などで瞬間的に叩くようにして電線や溶接棒を被災者から離します。

感電時の救助法には、ゴム長靴を履いて絶縁台やゴム板の上に乗って、絶縁手袋を着用し、絶縁棒で……等とありますが、被災者を目の前にして現場でそんなことは無理でしょう（もしかしたらの準備は必要です）。

毎年8月は電気使用安全月間です。このような機会に電気に対する正しい知識の周知・教育を行ってください。

15. 足場板は天秤にするな！

天秤棒は、両端に荷を掛け中央に肩を当てて担ぐ棒のことで、両端の荷の重さが釣り合わないと難しく、担ぐにはコツが要ります。

建設現場で、足場板の両端を固定せず、はねだし状態の片方の端に乗ると片荷になり遊具のシーソーのように下がって墜落します。そのはねだし状態を「天秤」といいます。天秤の元々の意味は「てんびん秤」のことです。

<事例>
(1) 柱鉄筋の組立作業で、柱の四方に脚立を置き、ロの字型に足場板を渡し作業を行い、降りようとして足場板端部に乗り、天秤になったのであわてて飛び降りくるぶしを骨折した。[H2]
(2) 足場板でステージ架け作業中、階下に不足部材を取りに行き、戻る時、近くの枠組み足場を昇り、自らの架設中の足場板の端部に乗ったところ、足場板が未結束だったため天秤状態になり3.6m墜落、骨折した。[H6]

簡易な鉄筋工事では、(1)の事例のように自分たちで足場を組むことがあります。脚立上の足場板の使用は3点支持や重ねしろ・結束などの規定を怠ると、このような災害が発生しやすいため、脚立の使用を止める現場があります。

(2)は、自分で組んでいるステージで足場板の結束を忘れて上

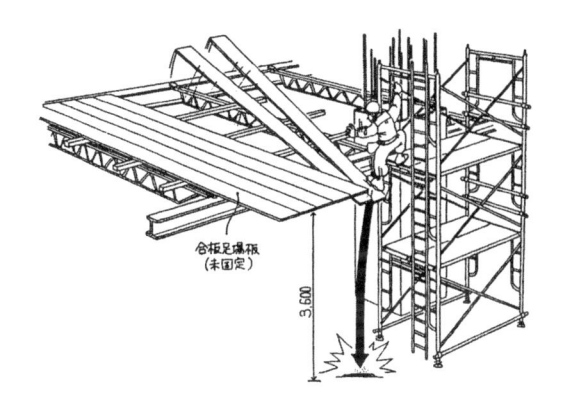

がったことが原因です。その背後には、発生時刻が3月末の午後5時45分頃で、現場は照明が必要なほど暗く、また、被災者は今日の仕事を早く終えたいという時間で疲れており、注意力も落ちて、ヒューマン・エラーの発生しやすい条件だったことがあります。作業主任者は作業の進行状況を読んだ早めの対応が必要です。

　鳶工の親方が「足場は天秤にするな」とよく言っていたのを思い出しました。

16．3点タッチの励行！

　現場事務所の階段で上から下まで滑り落ちた、枠組み足場の集積した上に乗って枠ごと滑り落ちたなど、いろいろ失敗を重ねたことから、現場で仮設階段や足場を昇降する時、必ずどちらかの手で手すりや枠材などにつかまることを習慣にしています。駅の階段を下りる時も、手すりのある側にひとりでに寄ります。「自分の身は自分で守る」を実践しているといえば聞こえはよいのですが、実は猿の行動のまねです。

<事例>
(1) 鉄骨組立中に片手にレンチを持って柱のタラップを昇る途中、手が滑り墜落、骨折した。[H2・H3]
(2) ローリングタワー組立中の鳶工が手袋着用した左手で梯子枠材を握り、右手で3層目布板上の筋かいをとろうとした時、左手が滑り墜落、骨折した。[H2・H3]

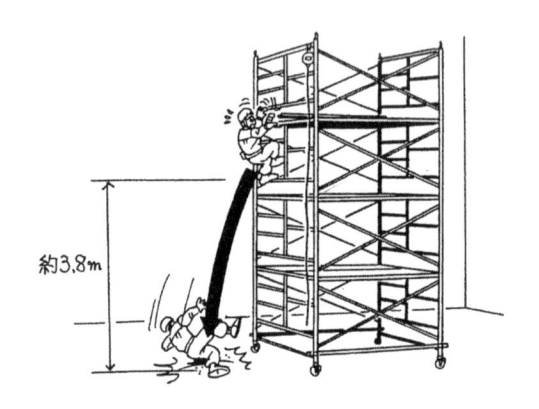

約3.8m

　手に物を持ってタラップや梯子を昇降すると、体は片手だけでつかまることになりますが、現実には物を持ったほうの手も使わなければ昇降できません。

　「3点タッチの励行」は、造船業界の災害防止スローガンです。3点タッチとは、タラップなどを昇降するとき、両手両足の4点で接触しますが、移動時に1点は離れますから、残り3点を確実に確保しようというものです。

　登山でも強風時岩場等で3点タッチを使うようです。

　3点といっても、人間の足は猿のように器用にタラップをつかむことはできないので、体の確保は両手のつかみにかかっています。

防止策は、①タラップや梯子、階段の昇降は、手に物を持たない（3点タッチ）、②物は袋に入れてロープで昇降、③手袋は使用しない、④さらに垂直親綱とロリップ、または安全ブロックの使用などがあります。

一昔前には鳶工が丸太足場を組む時、自分の足を建地丸太に器用に絡めて体を固定し、両手を自由に使って丸太を上げていましたが、1点で確実に体を固定する技は見事なものでした。

17. 重機のカウンターウエイトに挟まれる

クラムシェルやドラッグショベルなどの車両系建設機械は、建設工事に欠かせないものです。しかし、災害発生も多く、建設機械などによる機械の種類別死亡災害では、ドラッグショベルが全体の約5割と圧倒的に多く発生しています。

中でも繰り返し発生しているのが、旋回する重機のカウンターウエイトに挟まれる災害です。

<事例>
(1) 構台上でクラムシェルバケットで掘削工事中、合図者である被災者が旋回立入禁止区域に入り、手すりと旋回してきたカウンターウエイトの間に挟まれ、手すりを越えて墜落した。[H1・H2・H6]
(2) 外構工事で近道した被災者は、急旋回したドラッグショベルのカウンターウエイトと仮置したU字溝の間に挟まれた。[H3]
(3) トンネル工事で被災者と打ち合わせ後に、被災者の通過を確認した運転者がドラッグショベルを前進旋回したところ、トンネル側壁との間（約1m）に挟まれた。[H2・H6]

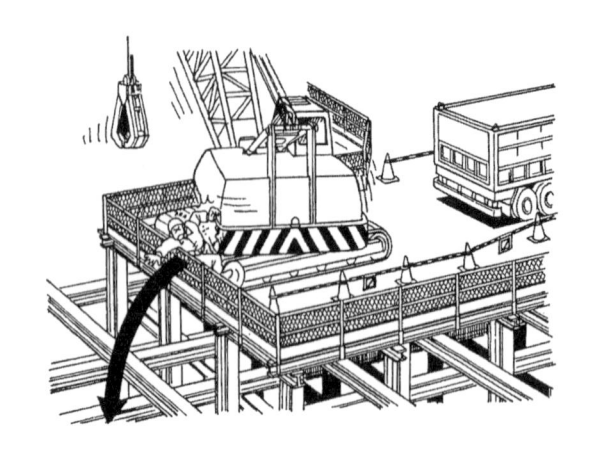

(1)の立入禁止の無視の背後には、合図者に自分は大丈夫という誤解と過信がありました。

　構台上でのこの種の挟まれ災害は、掘削工事の関係者であることが多いのです。そのため、立入禁止措置（三角コーンとバー、標識）は無視され効果はありません。

　また、一般に構台上では高さ95cmの手すりはカウンターウエイトが当たるため75cm付近まで部分的に下げます。この普段より低い手すりは注意が必要で警備員をおき、作業後は直ちに復旧します。

　(3)のトンネル内では空間的な狭さと照明も不十分なことがあり、運転者との合図と意思疎通方法が大切です。

　重機運転者と作業者の連絡方法として、グッパー運動（重機に接近する時に、運転者に手をあげでパーの合図を送り、OKなら運転者はグーで合図を返す）が効果を上げています。

　立入禁止の徹底には、優れた誘導者の配置が最も効果的です。

　重機にはオペレーターから見えない死角が多く、とくに後ろは

まったく見えません。このため旋回時に警報や回転灯などで警告したり、ウエイト部分にフレキシブルな目立つ障害物を取り付けたりしますが、慣れると効果は減少します。

安衛法では車両系建設機械（施行令13条3項9号）と労働者の接触防止のため、立入禁止又は誘導者の配置を規定しています（安衛則158・159条）。

18. 重機は死角が多い

労働災害分類の事故の型には、墜落、転落、挟まれ、巻き込まれなどがありますが「轢かれ」はありません。

道路交通事故を除き、事業場構内（現場内）の建設機械などによる轢かれは、激突されや挟まれ・巻き込まれの中の該当項目に分類され、事故の型別死亡災害では、挟まれ・巻き込まれ44％、激突され13％で、あわせて57％という高い比率です。

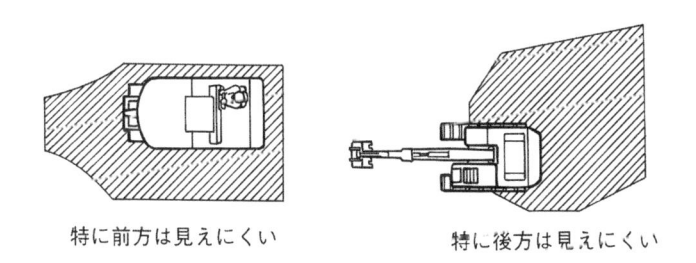

特に前方は見えにくい　　特に後方は見えにくい

<事例>
（1）　アスファルト舗装工事で、タイヤローラー（10t）で転圧作業後に、被災者は残材の後片づけ作業中、バックしてきたローラーに轢かれた。[H1・H2]

(2) ドラッグショベル（0.3m³）の直後を横切って轢かれた。[H2・H3]
(3) 現場内でカラーコーンとバーで区画した立入禁止措置を無視して横切り、バックしてきた生コン車に轢かれた。[H3]

　タイヤローラーやドラッグショベルは、運転席からの死角が大きく、見えない箇所が多いのです。このため車両系建設機械を用いて作業を行う場合は、立入禁止措置または誘導員を配置する必要があります（安衛則158条1項）。

　重機の近くでの作業者に対し、使用する重機の死角とその範囲を、TBM（ツールボックスミーティング）やKYT（危険予知訓練）などで、教育・周知することが大切です。さらに実際に重機で試してみること（デモンストレーション）が効果的です。

　重機に轢かれないためには、優れた誘導員をつけるのが最も有効です。カラーコーンとバー等の立入禁止措置は、気休め程度と考えたほうがよいようです。

19. 手袋に手を入れ五指を広げ見る

「手袋に　手を入れ五指を　広げ見る」（高橋正子）

手袋は俳句では冬の季語ですが、作業者は季節に係わらず使います。私たちは一日に何度もこんな仕草をしています。厳冬期の作業には手袋は必需品ですが、手を守ってくれるはずの手袋が、災害の原因となることがあります。手袋による災害事例は、繰り返し型が多いのです。

<事例>
（1）枠組み足場解体中に、被災者（鳶工）は2層目の足場上から布板を地上の同僚に手渡しで降ろそうとしたところ、布板のつかみ金物が右手革手袋の手首部に引っかかり、降ろす反動と重さで引っぱられ飛び降りたがくるぶしを骨折した。[H1・H2]
（2）足場解体で部材を屋上に仮置するためジブクレーンで建枠を揚重作業中、被災者の手袋が建枠の筋かいを止めるピンに引っかかり荷とともに巻き上げられ、途中で手袋が外れ24m墜落した。[H2]
（3）枠組み足場上を歩行中、ゴム手袋を着用した手が枠組み足場のピンにはさまってはずれず、そのまま惰性で体が移動したため手指を喪失した。[H2]

（1）の事例の鳶工が使用する革手袋は、大きめで着脱が容易なように手元が開いています。そこにピンやフックが引っ掛かるので、類似災害は多く発生し、防止には声をかけ合うことが有効です。

（3）のゴム手袋は滑りがなく、ものに挟まると容易に抜けません。特異なケースのようですがこれにもたくさんの類似災害があります。

作業手袋の種類は多く、一般用軍手から耐薬品、防震、溶接、切創防止、低温作業用などがあります。

手袋に関する規定は、安衛則111条（手袋使用の禁止）、保護手袋では安衛則312条7号・313条8号・594条などがあり、ほかに日本工業規格（JISL4131作業手袋）があります。

最近はカッターナイフによる手指の切創が増加していますが、防弾チョッキなどに使用されている化学繊維（アラミド、ケプラー、スペクトラ）などを用いた手袋は、優れた耐切創性をもっています。

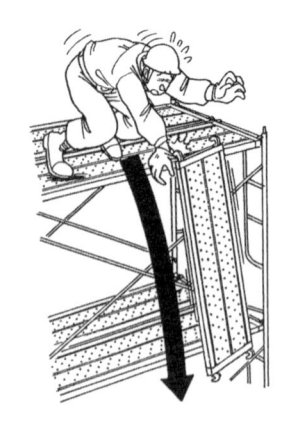

作業に適した手袋を選んでください。

20．保護眼鏡を使っていますか

「面は人の花、眼はまた面の花なるべし」といいます。

人の目は危険を感じると、瞬時にまぶたを閉じて眼を守ることになっています。でもときどき間に合わずに異物が入ることがあります。

眼の災害事例で起因物を調べてみると、その多様さに驚きます。

コンクリート釘、鉄破片、番線くず、ワイヤーブラシ片、ナイロン水糸、墨壺のかるこ（仮子）、足場板結束用ゴムバンド、モルタル、注入薬剤、桟木の破片、デスクサンダー破片、コンクリート破片、石、結束用スチールバンドなどで、その他にバールやスパナなど工具の反動があります。

しかし、作業時の眼鏡の着用規定は、溶接などによる強い有害

光線や、粉じん、腐食性液体、物体の飛来・落下だけで、同じ保護具の保護帽、安全帯のような具体的な規定（告示による構造規格）はありません。

<事例>
（1）コンクリート壁面に水糸を張るためコンクリート釘をハンマーで打っていて釘が飛んで目に当たった。[H2]
（2）鉄骨工事でボルシン（テーパー付き丸棒）をハンマーで叩いたとき、鉄片が剥離し飛び目に刺さった。[H2]
（3）作り番線を足場上の同僚に投げ上げたが届かず、落ちてきた番線を受け損ねて目に刺さった。[H2・H3]
（4）電動ワイヤーブラシを使用中にブラシが破損して飛び散り、目に刺さった。[H3]

（1）の事例のコンクリート釘は中炭素鋼を焼き入れしたもので普通釘の5～6倍の硬度があります。そのため打ち込むと跳びはねたり、頭部が欠けたりして破片が飛ぶことがあります。鉄骨工事で使うボルシンや手ハンマーも同様です。最近販売されている手ハンマーには、製造物責任法による注意事項を記入しているものがあります。

コンクリート釘を手ハンマーで叩いて破片が目に刺さり、ゼネコンが民事訴訟（安全配慮義務）になった事例もあります。

（4）の電動ワイヤーブラシでは保護眼鏡の着用が規定されてい

ます（安衛則105条）が、その他の作業ではとくに規定はありません。

　眼の災害防止には、保護眼鏡が最も効果的で、ゴーグル型や眼鏡型など多様な種類があります。

　法規定がなくても、日常作業でもっとも大切な眼を守るために、保護眼鏡を見直してください。

　保護眼鏡に関する関係法令の主なものは下記の通りです。

① 　アセチレン溶接装置金属溶接作業等（安衛則312条7号、315条9号）
② 　ガス集合溶接装置による金属溶接作業等（安衛則313条の8号、316条の6号）
③ 　有害光線業務、粉じん業務等（安衛則593条）
④ 　加工物等の飛来による危険の防止保護具（安衛則105条、106条）
⑤ 　強烈な光線からの保護（安衛則325条）
⑥ 　腐食性液体の保護具（安衛則327条）
⑦ 　物体の飛来による危険の防止の保護具（安衛則538条）
⑧ 　日本工業規格T8147（保護眼鏡）同T8141（しゃ光保護具）
⑩ 　しゃ光保護具の使用についての行政通達（昭56・12・16基発733号）

21．思い込みと勘違い

　離陸準備で誘導路を移動していた旅客機の機長と副操縦士の会話です。

　　副操縦士：「機長、次の誘導路を左です」
　　機　　長：「次ね」といって左旋回しました。

その時、副操縦士は機長が管制官の指示とは違う1つ手前の誘導路を曲がった間違いに気づき驚きました。そこには別の旅客機があったのです。

　　　副操縦士：「次ですよ、次」
　　　機　　長：「次だろう！」

副操縦士は「次」というあいまいな表現を使いましたが、誘導路の番号や目標物、目印などの具体的な言葉を告げるべきでした。

<事例>
(1) 本設エレベーターを仮設使用していた現場で、前日に休みをとった女性運転者が、地下1階で同僚にエレベーターの扉上の鍵を開けてもらい、いつものようにそこにエレベーターケージがあるものと思い込んで扉を手で開けて乗ったが、前日の勤務者が違う階に止めていたため、ケージはその階にはなく墜落した。[H6]
(2) モルタルポンプ（スクイズ式）が故障し修理中に、同僚が修理完了と思い込みスイッチを入れ、手を巻き込まれた。[H6]
(3) 梁型枠組み立て中に梁底の支保工のない（仮止め状態で後から取り付け予定の）大引材に足を掛け墜落、支保工がある部材と思い込んでいた。[H6]

---

(1)の事例は、代わりの運転者との引き継ぎの不備が発生原因ですが、間違いを防ぐため作業終了時にエレベーターの扉を開けておく方法もありました。

(2)のモルタルポンプでは、運転再開時に「動かすぞ。いいか」と一声かけ、相手の返事を確認することで、間違いを防ぐことができます。

安衛則107条には、掃除等の場合は機械を運転停止し、軌道装

置に鍵をかけ、表示板を取り付ける規定があります。

(3)の支柱のない梁のバタ角を踏んで落ちた災害は、床上から見ると支保工が見えないので意外にたくさん類似災害があります。防止策の1つに手順を梁の組み立てと同時に支保工を取り付けることがあります。

このように、思い込みと勘違いによるヒューマン・エラーは、ときには大きな事故・災害となります。

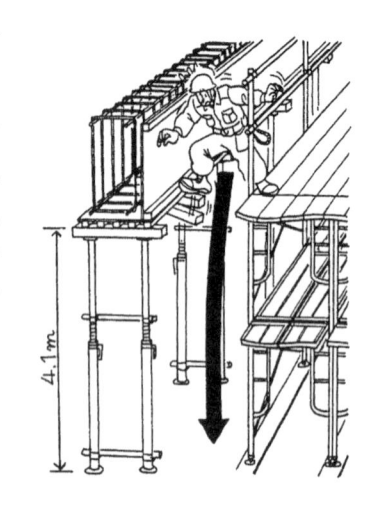

22. 足が滑れば体で済むが、舌が滑れば金がいる

マレーシアの格言に「足が滑れば体で済むが、舌が滑れば金がいる」というものがあります。英語の諺にも同様な表現 "Better the foot slip than the tongue." があります。日本では「口は禍の門(かど)」ですが、足が滑るという対比はありません。

地面で足が滑っても尻もちをつく程度でしょうが、高所作業で足を滑らせれば墜落・転落、ときには死亡災害となります。

<事例>
(1) 鉄骨工事中で2階梁上を箱に入ったボルトを担いで移動中、柱部で交差した梁に移る時、足を滑らせ墜落、全身を打撲した。[H1・H2]
(2) 地下工事で脚立に昇ろうと足を掛けた時、脚立が傾き足を滑らせ、後ろ向きに転倒し骨盤を骨折した。[H2]

(1)の事例では、被災者は鉄骨面が雨で濡れ滑りやすくなっているのに水平親綱に安全帯を使用せず、さらに水平ネットが未施工でした。

(2)の脚立は、脚部の片方のゴムが外れると不安定になり、また、履物の底に泥や水が付着していると滑りやすくなります（脚立ゴムの予備品を目につくところに常備）。

足を滑らせて転倒・墜落災害の防止は難しいことです。雨の日などは、足が滑る原因である雨や水を適切にすばやく処理することが大事です。

足が滑っても体では済まないのです。

23. 手元足下注意　それだけ？

毎日の安全指示書の記入で「手元足下注意」何でもこれ一言で済ませてしまう職長がいました。あるとき「頭上は注意しなくてもいいの」と聞いてみました。次の日から安全指示書の記入が、「手元足下注意」と「頭上注意」の2種類になりました。

<事例>
(1) バケツにモルタルを入れ運搬中に、床のコンクリート塊につまずき転倒、足首を捻挫した。別の事例ではバケツの中身が溶融アスファルト（280℃）だったため転んで大やけどした。[H2]
(2) 鉄骨工が足場板を敷いた通路で、両手でボルト1箱を抱えて移動中

> に、重ねしろ（2.4cm）につまずき転倒した。[H2]
> (3) 足場上に張られた安全ネットにつまずき7m墜落し、下腿部を骨折した。[H2]

　作業場の床面での災害防止には、床面に通路をマーキングし、通路・階段には物を置かないルールと、決めたことを全員で守り維持管理する仕組みづくりが大切です。

　手に物を持って移動する時は、持ち物に気をとられ足下への注意がおろそかになります。

　(2)では、足場板の厚さの、ごくわずかな段差につまずき転倒しました。1.5cm以上の段差には薄い鉄板等を張って段差をなくすか、目立つように色を塗る等の工夫が必要です。

　(3)では、足場上に手すりがありませんでした。

24. 足を踏み外すということ

　踏み外すという言葉は、足の踏みどころを間違えるほかに、人の道を踏み外す、失敗するなどの意味があり、墜落・転落したりとあまりよい印象がありません。

<事例>
(1) 2つ並べた脚立の天板上に足場板を2枚重ねで敷き並べ、天井塗装作業中に移動した時、足を踏み外し転落し、肋骨を骨折した。[H2]
(2) 脚立から後ろ向きに降りようとして踏み桟を踏み外し、仰向けに転倒して脳を挫傷した。[H2]

　足を踏み外しての災害は、高さ1.5m程度の低い箇所で発生しています。この脚立くらいの高さは、いざとなれば飛び降りても大丈夫と思って油断しています。しかし、大丈夫といってもそれは前向きに意識して飛び降りる時のことで、不意の横や後ろ向きにはすぐに体が対応できません。とくに仰向けに転倒すれば、手で保護することができない後頭部を強打することになり危険です。保護帽も飛来落下・墜落兼用型（ライナー付きで墜落時の脱げ防止機能がある）を着用していれば被害をある程度軽減することができます。

　「空足を踏む」という言葉があります。実際には段差があるのに暗くて見た目にはないように見え、足を踏み出し体のバランスを崩すことをいいます。対策には照明の確保、黄色と黒など色の対比が大きい模様で段差の存在を目立たせます。また、通路の途中に中途半端な段差を作らないことも大切です。

　足も人の道も、踏み外すとともに大きな禍を残します。

25. 挟まれ・巻き込まれ

型別労働災害では、建設業では1位が墜落転落、2位が転倒で「挟まれ・巻き込まれ」は3番目に多い災害ですが、製造業では最も多い災害で、建設業の墜落転落とほぼ同比率（4割）です。製造業は動力機械を使うことが多いからですが、建設業でも挟まれ・巻き込まれ災害の多くは機械によるものです。

<事例>
(1) 同僚のシーリング工がハンドミキサーでパテの攪拌中、被災者は容器（10ℓ缶）を押さえていたが、ミキサーの回転軸が缶の縁に寄り、押さえていた手の軍手を回転軸に巻き込み親指を損傷した。[H1・H2]
(2) 被災者は3軸式くい打機のオーガーの振れ止めに乗り作業中、安全帯を掛けた安全ブロックのワイヤーが回転するオーガー軸の受けピースに引っかかって巻きつき、被災者が引き込まれて被災した。[H3]
(3) グラウトミキサーのサクションホースを盛り替える際に、スイッチをOFFにしようとONを押し違えて腕を巻き込まれ、スイッチが切れなくなり骨折した。[H4・H6]
(4) ベルトコンベアの調整中、コンベア下の石を除去しようと手を差し込んだ時、防寒着の袖が巻き込まれ被災した。[H2・H3・H4]
(5) ジブクレーンで荷取中に荷の当たり防止のため、クレーンの動索をつかんで引き寄せたとき、シーブ（滑車）に手が巻き込まれて指を骨折した。[H1・H3・H4]

---

(1)のハンドミキサー作業は日常業務で危険意識はまったくなかったようです（手袋等の使用禁止については、93頁「6. 切れない携帯用丸のこは使うな！」を参照）。

(2)の事例のくい打機での安全ブロックワイヤーの巻き込まれ

と、(4)ベルトコンベアの巻き込まれは、ともに機械を止めれば作業に支障があると考え、機械を止めずに行った結果です。

　機械は小さくてもエネルギーは、人の何十倍、何百倍もあるのです。

26. 安全十則を知っていますか

「安全十則」を見たことがありますか。。

1	身なりきちんと保護具つけよ	[H1・H2・H3]
2	作業は正しく順序よく	[H1・H3・H4・H5]
3	整理整頓まず第一に	[H1・H2・H3]
4	機械や器具はよく調べ	[H2・H4]
5	足元まわりに気を配り	[H2・H3]
6	慣れた仕事もばかにせず	[H2・H9]
7	連絡合図ははっきりと	[H1・H5・H6]
8	指示や注意はよく守れ	[H1・H2・H4]
9	夜更かし深酒怪我のもと	[H8]
10	油断するな、無理するな	[H1・H2・H7]

　文言は各社で定めたものや既製品とさまざまですが、内容は似たようなものです。このほかにも、機械や電気などの安全十則があります。どこの現場の安全掲示板にもありますが、あまり読まれていません。言葉は古めかしく、書いてあることは当たり前の

ことですが、意外にヒューマン・エラーの基本を突いています。各項目の右側のH1・H2……は、欠陥に基づくヒューマン・エラーの分類です（第3章「まとめ」参照）。

　安全掲示板の安全十則は飾りではありません。活用を工夫してください。

27.「ガラスは割れない」の神話

　新橋の旧国鉄操車場跡地は、新宿のような計画性がなく勝手気ままに超高層ビルが乱立しています。外装にガラスを多用した建物が多く、建築を仕事にしてきた者でも、ビルの真下に立つといま大地震が発生したらガラスの雨が降るかも知れないと恐ろしくなり、急いで遠ざかります。

　建物の外装材としてのガラスは、地震時の変位や応力には耐えるでしょうが、地震時の震動が重力加速度（980gal）を超えると、建物内の什器、備品などの物体は瞬間的に浮遊し飛ぶといいます。新潟県中越地震では1,500galを超える震動を観測しています。

＜事例＞
（1）工場の屋根に避雷導体の施工のため導線を担いで屋根上を運ぶ途中、トップライトに乗り踏み抜いて12m墜落した。[H1・H3・H6]
（2）全面ガラス張りの屋根型庇で、ガラスをシーリング作業中にバランスを崩してガラスを踏み抜き墜落した。[H1・H6]

　事例は2つですが類似災害が多いのに驚きます。この種の災害は事故の型別分類では、踏み抜きは結果としての墜落転落になり、データとして現れません。

最近の建築は、ガラスを床や天井にまで金属と同様の強さがあるように使うので、作業者は「ガラスは丈夫なもの」と誤解しているのかも知れません。

板ガラスは特殊なものを除いて、一般的に用いる普通ガラスは脆いものです。トップライトに使う網入ガラスは丈夫なように見えますが、中の金網は防火と飛散防止のためで強度は普通ガラスとまったく変わりません。

ガラスのトップライトには、人が誤って乗ることを想定した養生と、作業者の立場（近道行為）に立った作業計画が必要です。

割れないガラスはありません。

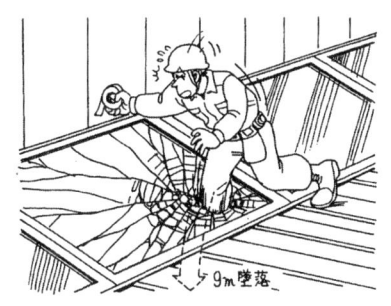

28. 波形石綿スレート屋根は脆い……踏み抜いて墜落

波形石綿スレートや木毛版を踏み抜いての災害は、現在でも建設業の種類別災害では墜落災害死亡者の約10%を占めています（建設業安全衛生年鑑）。波形石綿スレートの踏み抜きは、過去の災害ではないのです。

踏み抜いて墜落した若い職長は「スレート屋根はもっと丈夫なものと思っていた」と言いました。工場や倉庫の屋根改修や解体工事で発生しています。

<事例>
(1) 工場屋根の谷樋の取り替え工事で、波形スレート葺きの屋根上に敷いた足場板の通路を外れて歩行し、踏み抜いて7m墜落した。[H1・H3]
(2) 波形スレート葺きの工場解体で、防塵用シート架けのための丸太足場を架設中に、屋根に上がり、波形スレートを踏み抜き7m墜落した。[H1・H3]

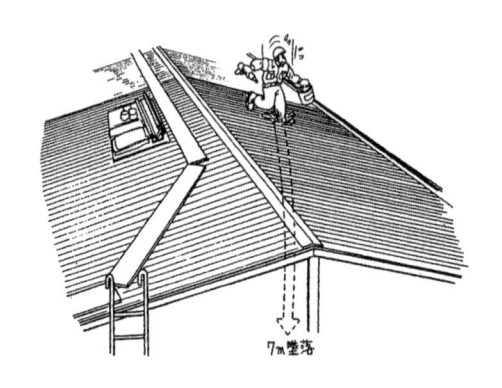

　スレートなどの踏み抜き防止は安衛則524条で、スレート、木毛板等の材料で葺かれた屋根の上で、踏み抜きによる危険がある時は、幅30cm以上の歩み板を設け、防網を張る等の措置を規定しています。木毛板等には塩化ビニール板などが含まれます。建設業労働災害防止規定19条～27条には、さらに詳細な防止規定があります。

　波形石綿スレートの作業は改修や解体工事の場合が多く、小規模な解体や改修は計画に人・物・金を投入しないことが災害原因の1つにあげられます。

　作業者へは波形石綿スレートの作業上の注意と災害事例を説明

し、安全への知識を高めるとともに、見積時に十分な災害防止のための予算措置と周到な作業計画が必要です。

　石綿スレートはアスベスト含有成型板の一種なので、作業に当たっては法に基づいた粉じんの発生防止と廃棄物処理対策が必要です（安衛法22条1号、廃棄物の処理及び清掃に関する法律、石綿障害予防規則）。

　石綿は建材や耐熱防護など建設工事で広く使われていましたが、いまではすっかり嫌われ者になってしまいました。

29．つり荷に引きずられて墜落

　クレーンなどを使った横引・斜めつりは作業方法自体が間違いですが、つり荷に引きずられて人が墜落することは、最近でも後を絶ちません。

　日常、私たちは引きずられる経験が少ないことと、荷の重さで地切り時の加速が予想外に速く強いので、手を離すタイミングを失ってしまうことが原因です。

<事例>
(1)　4階床上で収納籠に入った安全ネットをクレーンで降ろす作業中（荷の横引き）、手すりを撤去した床端部からつり荷に引きずられて墜落した。[H4]

(2)　ホイストを1人で操作しながらワイヤーモッコに入れた工具類を荷降ろし中、荷が落ちそうになったので、あわてて左手で荷を押さえた時、右手に持っていたホイストのスイッチを誤って押したため荷が巻き上がり、左手が引っぱられて墜落した。[H4・H5]

クレーンで荷を引きずるような、横引、斜めつりについては、通達「荷役・運搬機械の安全対策について」(昭50・4・10基発218号) 中の移動式クレーンの作業方法で、行わないことを規定しています。

　(2)の災害は、緊急時には脳がホイストの運転と荷の介錯を同時に行うというような2つのことを同時処理できないことから発生します。ヒューマン・エラーの典型ですが、知識があればこのような災害は防げます。

　横引・斜めつりをやむを得ず行う場合は、荷に介錯ロープをつけ端部を柱などに一巻きし、作業者は安全帯と安全ブロックを使用するなど細心の注意が必要です。

30.「春一番」は暴れ者

　「春一番」は、立春 (2月4日頃) から春分 (3月21日頃) の間に初めて吹く、暖かい南風です。以前は漁師の間で使われていた

言葉で1970年頃から新聞などで使われて、一般化したようです。

春一番は、春の訪れを告げるものですが、最大風速10m/s以上の強風が突然吹き荒れます。安衛法上の強風とは「10分間の平均風速が毎秒10m以上の風」（通達：昭34・2・1基発101号）ですが、春一番は瞬間風速20m/s以上となることがあります。

<事例>
(1) 足場に立てかけてあった大型型枠パネル（3m×4m）が突風にあおられ、作業中の被災者の上に落下した。[H2]
(2) 移動式クレーン（45t）のワイヤーモッコで採石を揚重中、つり荷が突風であおられ、機体が転倒した。[H2]
(3) 仮設照明用足場（枠組足場1スパン7層2列・高さ12m）が建方終了直後に突風で倒壊した。[H2]

春一番は、西日本や東日本で観測されやすく、北日本ではあまり観測されません。よく新聞をにぎわすのは春一番による足場倒壊の写真です。

この時期（2～3月）は気象情報に十分注意し、突風の恐れがある時は足場の架け払いや高所での作業などを中止します。

法令で強風時の作業中止は、クレーン則31条の2、74条の3、116条の2などがあります。これらの条文の主語は事業者（協力会社）で根拠条文は安衛法20条1項ですから、現場での作業中止の判断は、原則としては事業者の代理人である作業主任者が決めます。

(3)の仮設照明用足場の事例では、枠組み足場を1スパンで12mも組んだことで、風圧などの検討が必要でした（参考「移動式足場の安全基準に関する技術上の指針」、(財)仮設工業会）。

また、朝礼で作業中止の指示を出したのに、遅刻して作業中止の指示を知らずに被災した事例があります。朝礼遅刻者への情報伝達は、職長などが確実に行うなどのルールづくりが役立ちます。

31. つりクランプは便利な道具ですが……正しい使い方と知識を

つりクランプとは、つり荷の荷重とリンク機構、カム機構などの作用によりつり荷を挟み把持する玉掛け用の道具です（商品名：レンフロクランプ等）。正しく使うと便利な道具ですが、不適切な使用やクランプに対する知識不足、点検不良などで、つり荷が落下する災害が絶えません。

<事例>
(1) ビル用鉄骨階段（6.3m×1.2m、約1t）を、つりクランプ2個を使ってつり上げたところ、クランプが防錆塗装で滑って外れて落下し、被

災した。[H2・H3]
(2) H形鋼（H350×4m、0.6t）をつりフック1個で積載型トラッククレーンにより積み込み中、高さ2mまでつり上げたところでクランプが外れて落下し、被災した。[H2]
(3) 移動式クレーンでH形鋼（H400×5.5m、1.1t）をネジ式万能型つりクランプ2個で高さ2m位つり上げ向きを変えようとした時、片方のクランプが外れ、続いてもう一方も外れて落下し、被災した。[H2]

　つりクランプの使用上の注意には、①用途別の作業に適した種類の使用、②表示使用荷重の許容範囲内、③1点つりの禁止、④つり荷の下は立入禁止、⑤重ねつり共つり等の禁止、⑥クランプの正しい使い方、⑦点検済み確認、などがあります（通達：平12・2・24 基発第96号、およびメーカーの説明書参照）。

　(1)では、鉄骨階段の形状が複雑なので4点つりが必要です。クランプの滑りを防ぐ塗装の撤去は難しいことから、計画したつり

込み穴にシャックルの使用が安全です。

(3)のネジ式万能型は、普通のつりクランプとは構造が違い、ネジの締め付け力で荷を挟締します。調整不良やネジの締め付け不足、泥砂などが詰まることなどにより十分締め付けられないことがあります。

つりクランプの各メーカーは、災害防止のため正しい使い方の講習会を開催していますから、積極的に利用するとよいでしょう。

つりクランプへの正しい使い方と知識が、ヒューマン・エラーを防ぎます。

32. 自動車は死亡災害の第3位！

建設業の死亡災害種類別比率では、1位：墜落、2位：建設機械等、3位：自動車等、4位：飛来落下、5位：土砂崩壊の順で、自動車による災害は多いのです。

建設工事の自動車等による災害の死亡者数は年々減少していますが、全死亡者数に対する比率は14％前後で大きな変化がありません。自動車による災害には、トラックやマイクロバス、現場内でのダンプトラック、生コン車などの自動車によるものも含まれます。

＜事例＞
(1) 3月末の夕刻、被災者は屋上のクレーンで道路上に荷降ろし中、荷降ろし地点にバリケードがあったので、クレーンの運転手に荷降ろし位置変更を連絡していた時、バックしてきた生コン車に轢かれた。[H4]
(2) 早朝に同僚3人とマイクロバスで出勤途中に、緩いカーブでわき見運転をしてセンターラインを越え、対向車と衝突した。[H2]

(3) 被災者（外国人労働者）は、道路工事で路盤をタンパー（小型締固め機）で転圧中に、路盤材を積んでバックしてきたダンプトラックの左後輪に轢かれ死亡した。[H2]

　3月末は暗くなるのが早い時節です。(1)では、照明のない暗い道路、加えて後退する生コン車に誘導者をつけていませんでした。仕事の終い際は災害発生が多い時間帯で、災害はこんな隙をついて発生します。早い時間から照明を用意し点灯することが災害防止に役立ちます。予定外の障害物で被災者はあわてていたのでしょう。

　(2)はわき見運転が原因ですが、時速60kmで走行してほんの1秒間わき見しただけでも車は約17m走行し、ブレーキをかけてから止まるまで約40m走ります。

　(3)の道路工事では、ダンプトラックの運転手は右側の窓から体を乗り出して運転し、車の左後方が見えなかったのです。また、車の誘導者がなく、バック警告音もタンパーの騒音で聞こえず、外国人のため作業の指示・注意の伝達に不備があったかもしれま

せん。

　同様なことは聴力に障害のある作業者でも起こります。グループで指示が伝達できるような（単独作業はしない）配慮が必要です。

　トラック等、車両系荷役運搬機械等で作業する時は、機械等や荷に接触の恐れがある箇所には、立入禁止または誘導者の配置の規定があります（安衛則151条の7）。

33. 隠れ床開口部から踏み抜き

　「隠れ」という言葉には、かくれんぼう、隠れ家、隠れ蓑、隠れ穴など、隠れて人目につかない、外から見えない、不明確といった意味があります。

　建設現場の床にはさまざまな理由で隠れ開口部があります。多くは養生をしますが、ときには災害となることがあります。

<事例>
（1）屋上で換気塔設置位置の床開口部に仮置した型枠材をクレーンで搬出中に、開口部の打込用発泡断熱材に足を乗せたところ断熱材が割れて墜落した。[H6]
（2）工場の建設工事で積雪時に屋上折版屋根の除雪作業中、前日に掛けておいた開口部シートに乗り墜落した。[H6]
（3）構台支持杭H形鋼打設後、埋め戻しが不十分のため雨で埋土が沈下し、作業者が落ちそうになった。[ヒヤリハット]

---

　(1)の被災者（型枠解体工）は、断熱材の下に型枠があると思い込んでいたのです。理由として急な設計変更で床だったこの部

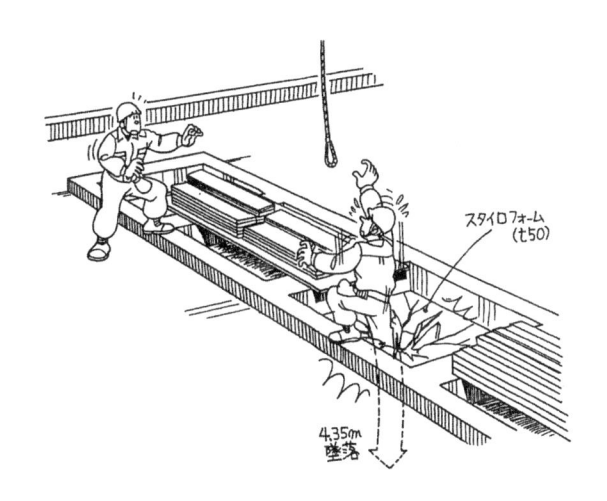

分が開口部になり、断熱材だけが残っていた……等が考えられます。

しかし、高さ2m以上の床開口部ですから、墜落防止の囲い、覆い、手すりのいずれかが必要です（安衛則519条、653条）。水平ネットを張るだけでも墜落災害は防げます。

(2)では、前日から雪が降り、前日開口部をシート養生したのは被災者だったのですが、雪で一面真っ白になりわからなかったのです。

(3)の構台支持杭は、通常ヤットコ打ち（雇い杭）で杭頭を地面より下げますが、穴はすぐに埋め戻し、杭頭には目印の旗等を立て注意を喚起します。

大きな径の杭や既成コンクリート杭、鋼管杭の場合、十分な養生をしないと作業者以外にも子供や犬猫が落ちる危険があります。埋め戻しに砂を使い、杭完了部には敷き鉄板で養生すれば万全です。

34. コンクリートブロック塀が倒れた

　人の背丈ほどのブロック塀でも、倒壊すると死亡災害になることがあります。また、ブロック塀のすぐ脇の道路で、配管埋設のため道路掘削中にブロック塀が倒壊した事例など、ブロック塀の類似事例は数多くあります。

> <事例>
> 　ブロック塀を解体しようと、ハンマーを振るって塀の下のほうを壊していた。突然ブロック塀が長さ6mの幅で倒れかかり、ブロックの下敷きになった。[H2]

　建築基準法施行令62条の8には補強コンクリートブロック塀の構造規定がありますが、残念ながらすべてに規定通りの施工が行われているとは限りません。

　コンクリートブロックは中が空洞で、それを積んだブロック塀は何となく軽い感じがします。厚さ10cmのＡ種ブロック（390mm×190mm）1個の重さは7.5kgほどですが、倒れたブロック塀（高さ1.6m幅6m）の重さは全部で約1tありました。

35. 工事中のエレベーター開口で墜落

　一般に工事中のエレベーター（EV）開口部は、縦穴開口部で墜落の危険がありますから、躯体施工中は床面を仮にふさぐなどの水平養生を行い、エレベーターの工事中はEV工事業者が開口部をシートと手すりパイプで養生し立入禁止措置を行います（安衛則519条、653条）。

<事例>

(1) 地上11階建てのSRC造の集合住宅新築工事で、被災者は1階から各階の部屋にプラスターボードを運搬していたが、開いていた8階のエレベーター開口部から縦穴に22m墜落した。[H1]

(2) 工事用エレベーターシャフト内でマストのクライミング作業中、下がってきたカウンターウエイトに押し下げられ23階から墜落した。[H2・H6]

(3) 同様作業において、カウンターウエイトがマスト内部を上下する形式の機械でマストに安全帯を掛けていたため、上昇してきたウエイトで安全帯が切断し20階から墜落した。[H2・H6]

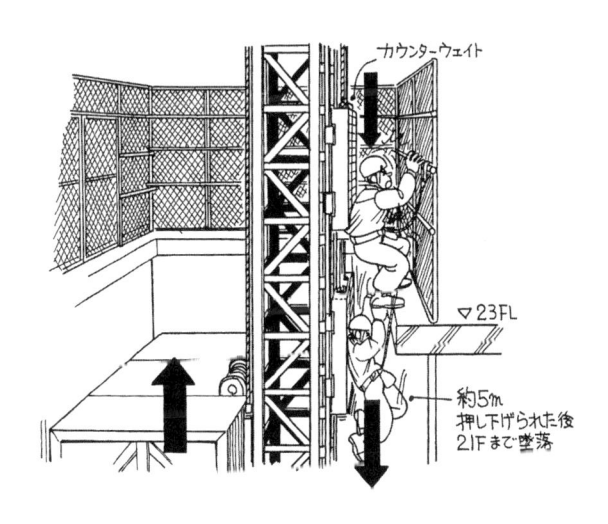

　最近のエレベーター工事は無足場工法（シャフト内に足場を組まず、最下階でケージを組み、つり上げながらレールなどを組み立てる）なので、EV開口部に開口養生がないことは非常に危険な状態で通常は考えられないことです。

(1)では、EV工事の都合で短時間養生を撤去していたのかもしれません。ボード運搬の被災者はこの仕事に経験はなく初日の作業でした。

工事用エレベーターは、高層ビルでは不可欠の運搬機械です。本設エレベーターと同じく、縦穴開口がありシャフトの周囲は網わくなどで養生されています。

(2)の原因は、シャフトの垂直養生がマストのクライミングより遅れたことと、シャフト内作業中に搬器を昇降させたことです。被災者がなぜ立入禁止の危険なシャフト内で作業をしていたのかは不明です。

エレベーターや建設用リフトの組み立て・解体作業には、作業指揮者を選任し、立入禁止措置を行う必要があります。この作業指揮者には、作業主任者と同様な職務規程があります（クレーン則153条、191条）。

(2)、(3)の事例では、作業指揮者の選任は不明です（類似災害多数）。

36. 土砂崩壊で人が埋まった！

土砂崩壊は山間地だけではなく、都市のビル工事や埋設管工事でも発生します。

土工事は不確定要素が多く、施工計画が難しい工種ですが、類似災害事例の検討が役立つことがあります。

<事例>
(1) ビル新築中の地下掘削工事で突然背面から大量の土砂が崩れ落ち、掘削底で横矢板を取り付けていた作業者が巻き込まれた。近くで小型

ドラッグショベルを操作していた運転者が、あわてて救出しようとドラッグショベルを使ったところ、被災者にショベルバケットがあたり負傷した（2次災害）。[H4・H5]
(2) 防火水槽の掘削床付け（深さ4m・幅5m×5m）を終え、職長と被災者が法面点検後底部で水槽位置のマーキング中に、側面敷き鉄板下の土砂が突然崩壊し巻き込まれた。[H3]
(3) 水道管等の埋設工事で、アルミ製矢板が不足し、急遽木製矢板を使用したところ、木製矢板下部から崩壊した。[H3]

　災害時には、まず大声で助けを呼び、埋まった人数を確かめて救出活動を行います。その際、重機の使用は慎重に行います。

　(1)の原因は、①横矢板寸法の不足、②崩壊箇所上部の不要埋設管の処理時に地盤を荒らしたまま放置した、③矢板入れ部の掘削深さが2mと深かったなどがあげられています。親杭横矢板工法は比較的固い地盤でも施工可能で、施工速度も速く、安価で広く使われていますが、軟弱な粘土やシルト、湧水の多い砂層には不適とされています。

(2)では、敷き鉄板の下には既存の雨水浸透ますと有孔配管がありました。配管などの保護目的の鉄板で覆われていたため、前日の雨で地盤が水を含み、緩んでいたのがわかりませんでした。また、被災時刻が7月の午後7時頃で、日没直後で明るい内に今日の仕事を終えたい気持ちがあって、法面の出水などわずかな異変を発見できなかったことも考えられます。

安衛則362条（埋設物等による危険の防止）では、事例(3)のような場合は、埋設配管の補強、移設を規定しています。

木製矢板は根入れの確保が難しく、事例(3)では矢板裏側の埋め戻し土が浅い根入れ部分をすくい、土止めが崩壊したのです。小規模の工事ですが、作業主任者の選任と直接指揮が必要でした（安衛則359・360条、374・375条）。

37. 枠組み足場のユニット組み払いは安全か

最近は多くの現場で、部材をまとめて枠組み足場をブロックで組み払いする「ユニット組み払い（ブロック組み払い）」が行われています。しかし、法規定はなく統一されたルールもありません。

ブロックは2〜3層4スパン程度が多いようですが、災害は地上での解体時に多く発生しています。

＜事例＞
(1) 5層4スパンの大きなブロックをクレーンでつったまま地上で下層部から2層解体し、残り3層を地面に仮置きしようとしたが、地面に凸凹があり、足場が傾き倒れて足場上の作業者が被災した。[H2・H3]
(2) 地面に仮置した足場の玉掛けワイヤーを外して、よく確認しないままクレーンに合図を送ったため、玉掛けワイヤーの一部が足場に引っ

かかり作業者を乗せたまま足場ごと転倒した。[H2・H3・H9]
(3) 類似事例で、足場の解体場所が地上ではなく屋上だったため、倒れた足場がパラペットを越え、作業者を乗せたまま地上まで30m落下した。[H2・H3・H9]

　安全性が高いと言われている手すり先行型でも同種災害は発生しています。

　ユニット組み払いは、従来工法と手順がまったく違いますから、周到な計画・準備と教育が必要です。計画的に利用すれば効果的ですが、「工期がないから」という理由だけで採用すると思わぬ災害を起こします。

　1ユニットは2〜3層4スパン程度とし、玉掛けワイヤーの位置や角度などは図のようなつり方を参考にしてください。I型鋼などを使用した専用つり治具を使う方法もあります。

　足場からの墜落災害は「魔の2段目」といわれる比較的高さが低い2層目〜3層目が一番多いのです。

つり角度は60°以内

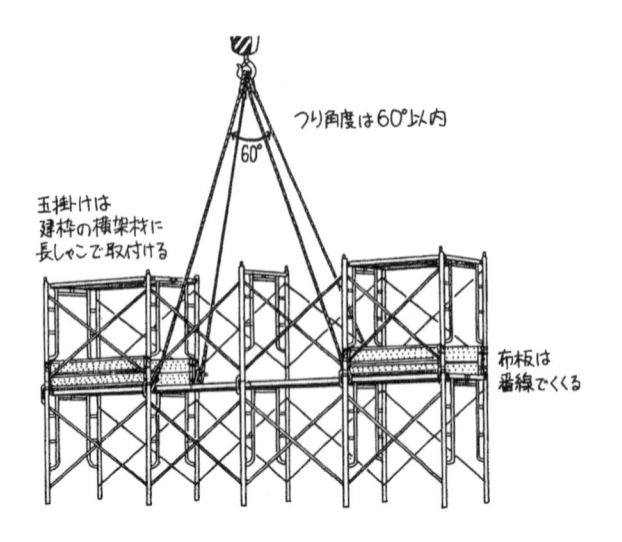

玉掛けは
建枠の横架材に
長しゃこで取付ける

布板は
番線でくくる

★ 魔の2段目！

　あるゼネコンの災害事例のうち、墜落転落災害だけを抜き出して高さ別に整理してみると、その約6割が3.6m以下で発生しています。

　簡易な足場として使う脚立の高さは1.8mですが、この高さまでの墜落転落は約3割弱です。何にでも使える脚立の墜落転落は多いのです。

　枠組み足場2段目の標準的な高さは3.6mです。昔風に言えば2間です。ところがこの高さはどうも油断しやすい高さらしく、墜落転落災害が3割強もあります。

　これらの関係をグラフにすると図の枠組み足場2段目に相当する3.6mをピークに、グラフは急勾配で下がります。

　枠組み足場の2段目は、鳶工の間で知られていたように、やはり「魔の2段目」だったのです。

墜落転落災害と高さの関係

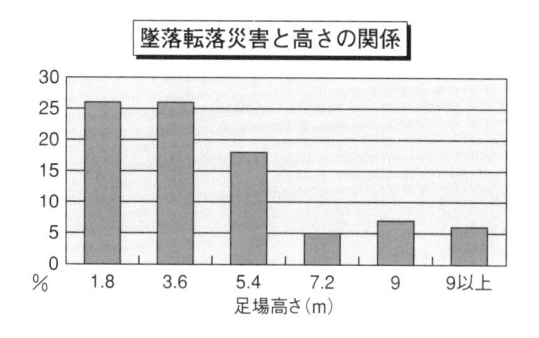

(グラフ：足場高さ(m)別の割合%)
- 1.8：約26
- 3.6：約26
- 5.4：約18
- 7.2：約5
- 9：約7
- 9以上：約6

38. 不良部材は、即返品のルールを

枠組み足場の組み立て中や解体中に、筋かいが突然折れたり、ジョイントがうまくはまらなかったので力を入れたらバランスを崩し墜落したりという部品の不良による災害発生があります。

<事例>
(1) 枠組み足場で外部足場架け作業中に、5層目の床付き布枠のつかみ金物の片方のかかりが悪かったため、片足で体重を掛けたところ、布枠が外側に回転し墜落した。[H2・H4]
(2) 枠組み足場のメッシュシート張り作業で、19層目の交さ筋かいから身を乗り出してロープでメッシュシートを荷揚げ中、突然交さ筋かいが折れて25m墜落した。[H2]

布枠のつかみ金物はロック機構があるため、変形すると入りにくくなります。鳶工は(1)のようなことをして無理やり納めることがありますが、解体時には抜けなくて大変です。

仮設機材は、労働省通達「経年仮設機材の管理について」（平

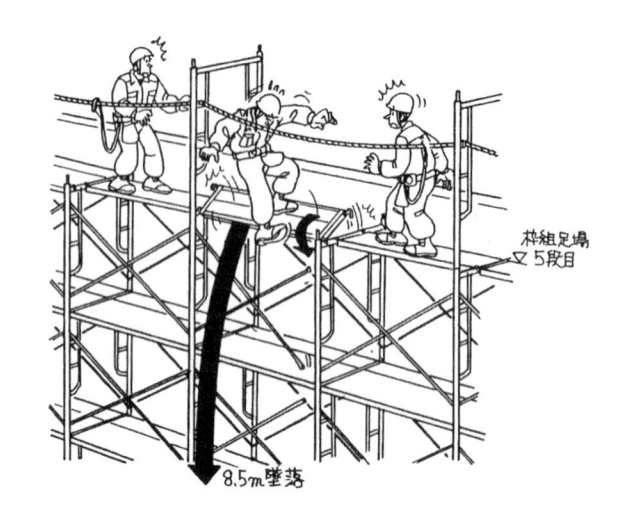

8・4・4基発223号の2)および「経年仮設機材の管理指針」で、機材の種類ごとの使用年数が定められ、これをもとに仮設材のレンタル業者は整備・修理・廃棄に選別します。交さ筋かいの使用年数は5年で、(2)は、チェックに漏れて出荷された部材による災害と思われます。

枠組み足場作業の現場を指揮する作業主任者には、法的な職務として部品の不良品を排除する仕事があります（安衛則566条）。しかし、大きな現場では作業の進行状況や保護具の使用状況の点検など作業主任者1人でなすべき仕事は多く、人の能力には限界があります。

そこで「不良品は即時返品」を足場材のレンタル契約時に明記し、不良品を見つけたら目につくような返品タグ（荷札）を貼るなどで早期現場搬出と再使用禁止を現場のルールとして表明し周知します。返品タグには作業主任者名と日付を入れます。

作業主任者の責務が軽減し、作業者全員が不良部品に気をつけ

39. 枠組み足場の「魔の三角形」

　枠組み足場からの墜落災害で多いのは、筋かいなどの昇降と「魔の三角形」からの墜落・転落です。

　「魔の三角形」とは、図のような筋かいの三角形のすき間で、底辺が約120cm、高さが約80cmの大きさがあり、足場上で大人がしゃがんだ姿勢がすっぽりと抜け落ちる大きさがあります。

　しかし、普段は足場上で立ち位置で仕事をしていると、あまり危険を感じません。

　ところが、布板上でつまずいて転んだ拍子に転落、しゃがんだ姿勢で仕事をしてバランスを崩して転落、あるいは休憩しようとしゃがんで転落など、災害事例は多いのです。

＜事例＞
(1) 8月の暑い日に、枠組み足場の足場解体で鳶工とともに外壁クリーニングしていた被災者は、午後3時の休憩時間に3層目交さ筋かいのすき間から墜落した。[H7・H8]
(2) 枠組み足場の控えを取り付けていた被災者（鳶工）は、地上からロープで控え用単管パイプを引き揚げ、4層目の布板上で整理中に交さ筋かいすき間から墜落した。[H1・H8]
(3) 被災者（左官）は1階でバケツに水を汲み外部枠組み足場の階段を昇

り、3層目の枠組み足場上を移動中に交さ筋かいのすき間から墜落した。[H7・H8]

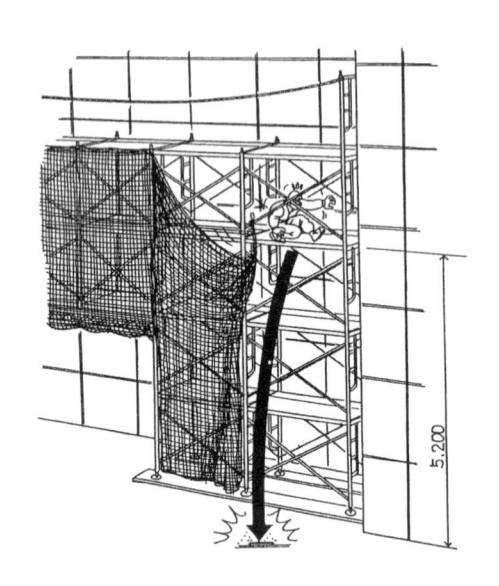

「魔の三角形」からの転落防止のため、筋かい下部に横さんを取り付ける現場があります。(1)の現場でも使用していたのですが、解体に先立ちメッシュシートとともに先行撤去していました。せっかくの配慮が最後に役立たなかったのです。

被災者は8月の酷暑と、鳶工との相番作業で疲れていたのか、休憩時間になりその場に座り込んだ時、体調不良で倒れ込んだのでしょう。

(2)は、19歳で経験2カ月の見習い工で、高所での単独作業で安全帯は未使用でした。「魔の三角形」からの墜落の危険を作業主任者が一言注意することが大切です（安衛則566条）。現認者はい

ません。

(3)の左官工の場合は、経験48年という熟練工ですが、重い水バケツを持って階段を昇るのは、60歳を超えた体には厳しく、ようやく平らな布板上でホッとして足元がつまずき、交さ筋かい下から転落しました。運悪くこの部分だけメッシュシートがありませんでした。この事例でも現認者はいません。

給水設備は可能な限り各階に設け、荷の昇降はリフトなどの昇降設備を使う計画をしてください。

ヒューマン・エラーは、人間だけで防止することは難しいので、安全施設の計画は「まさか」ではなく「もしかしたら」で行います。防止対策には、手すり先行型足場の使用、筋かいに横桟を組み込んだ製品の使用、足場全面へのメッシュシート張り、安全ネットなどの安全施設がとても有効です。

40. つり荷は落ちるもの

高所にある質量mの物体は、それだけで位置エネルギーmgh（g：重力加速度）があり、高さhがゼロになってエネルギーを失います。クレーンでつり上げた荷は、質量mが一定なら高さを増すごとにエネルギーは増加します。

このため玉掛け作業では、位置エネルギーの少ない地切り時（約20cm）にいったん巻き上げを止め、玉掛けの確認をします。

＜事例＞
(1) ドラッグショベル（0.7m^3）を使って、鋼製導水管（重量約2t）をベルトスリング（ナイロン製、長さ4m）目通し一本つりで、トラックに積み込もうとつり上げたところ、アイ部分から破断し荷の下にいた被

災者を直撃した。[H1・H2]
(2) コンプレッサー用エアホース（ゴム製、長さ42m、重さ130kg）を片付けのため、ホース中間のジョイントにビニロン製ロープで玉掛けし、移動式クレーン（25t）で約22mつり上げたとき、ロープが切れて真下にいた被災者にジョイント金具が直撃した。[H2]

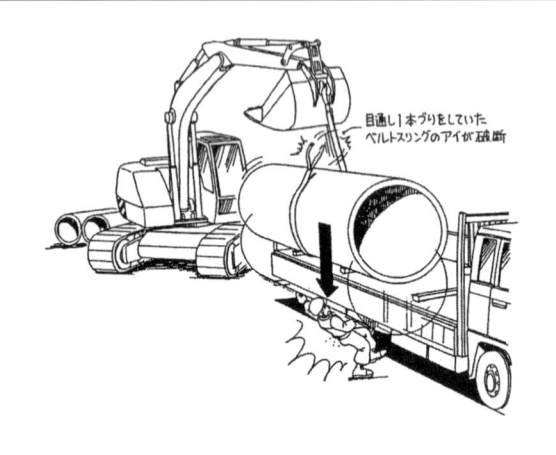

(1)の事例は、ドラッグショベルの用途外使用が原因ですが、適用除外条件（97頁参照）を満たしていても、最大荷重1t未満を超えています（バケット容量0.7m³×土の比重1.8＝1.26t＞1t未満）（通達：平4・10・1 基発542号）。

このベルトスリング（ⅢN-100）の最大使用荷重は3.5tで、目通し一本つりでは2.5tですが、新品ではないので強度は低下していたと思われます。

(2)の事例のように繊維ロープを玉掛け用具に使用する場合、同じ太さのワイヤーロープに比べて大きく強度が落ちるので注意が必要です。ビニロンは強度もあり耐候性に優れていますが、水

に濡れ乾燥を繰り返すと固くなります。

41. 安全帯の安全（1）（取付設備）

　高さが2m以上の高所作業では、労働者に墜落の恐れがある時は、労働者の安全を確保するため、①作業床（足場の組立）、作業床の端や開口部では囲い等を設け、それが困難なときは労働者に ②防網 ③安全帯を使用させる等が必要です（安衛則518条・519条）。

　上記以外で安全帯の必要な箇所は、足場の組立解体、高所作業車、クレーンの搭乗設備に人を乗せる時、ゴンドラ、酸欠危険作業などがあります。

　酸欠危険作業で安全帯を作業高さにかかわらず使用するのは、酸欠空気を吸ってよろめいたり失神し、体を保持できず転落・墜落を防ぐためです。

　ところで、高所作業で墜落災害が発生すると、その対策では決まって「安全帯の使用」がいわれます。高さ2m以上の高所作業で安全帯を使っていればいつも安全でしょうか。

　安全帯のランヤードとショックアブソーバーの長さに水平親綱使用時は垂下距離（伸び）、それに二つ折りになったとして身長の半分の合計が墜落高さを超えると危険です。

　親綱はスパン10m以下で一本に一人づつ使用し、安全帯フックは腰より上に取付る、枠組み足場組立時は親綱支柱と緊張器の使用とメーカーの取扱説明書の確認等の対策があります。

＜事例＞
（1） 高さ2.3mの棚足場上の手すりに、巻き取り式安全帯のフックを掛けた状態で、昇降タラップでランヤードが首に巻き付きぶら下がってい

る被災者を発見した。(現認者なし) [H5]
(2) 鳶工が鉄骨大梁からつり足場（コラムステージ）に降りようと、柱の水平親綱取付け用ピースの孔に安全帯フックを掛けようとして、足を滑らせ21m墜落した。[H2]

(1)では、被災者はタラップを下りる時、足を滑らせ、ランヤードを肩回しにして首に巻きついたと思われます。この高さなら安全帯を使わなければ……。

(2)のこの鉄骨工事の現場は地上50階の超高層ビルですが、後施工工区のため水平親綱も安全ネットもありませんでした。ヒューマン・エラー以前の問題です。

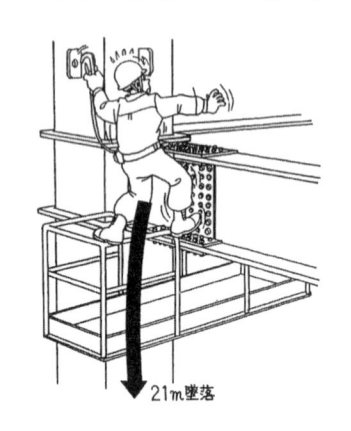

42. 安全帯の安全(2)（カラビナ）

規格外カラビナの使用で、墜落する災害が多発しています。工具つりの目的で一本つり用安全帯の胴ベルトに自分でカラビナを取り付けて、U字つり状態でフックをカラビナに掛け、破損し、墜落するのです。

カラビナは登山用具で、ロープワークでクライマーの墜落を止める重要な道具です。クライミングでも、カラビナにロープの通し方を間違えると、ゲートが開き危険です。

<事例>

(1) 工事用エレベーター昇降路の囲いを足場内側から取り付け中に、胴ベルト一本つり専用の安全帯を鋼管足場の縦管に掛け回し、自分で安全帯ベルトに取り付けた工具つり用のカラビナにフックを掛け、体重を掛けたところカラビナが破損し26m墜落した。[H1・H2]

(2) 作業構台上の手すりの外側のはねだしたH形鋼上で、パイプの盛り変え作業中に足を滑らせ墜落した。安全帯フックを手すりに掛けていたため体が宙づりになったが、コードリールが破損し7m墜落した。[H1]

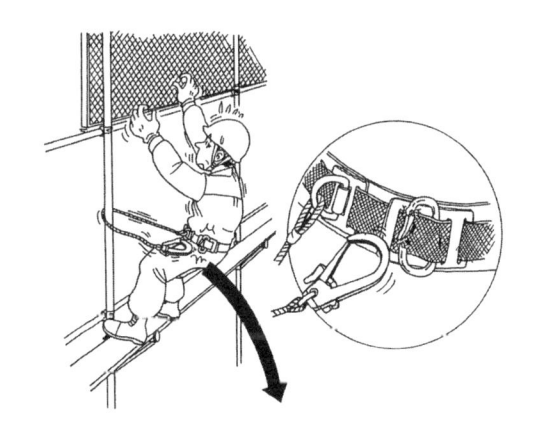

　一昔前には、電工が電柱上で安全帯（U字つり専用安全帯）を電柱に巻きつけて作業していましたが、最近は高所作業車の使用で見かけなくなりました。

　建設業で広く使われている胴ベルト一本つり用安全帯は、フックを水平親綱等の安全帯取付設備に掛けて使用するもので、U字つりに使うことはできません。

　(1)のような作業をする場合は、一本つりU字つり兼用の安全帯を使用します。一本つり専用は墜落阻止のためであり、U字つり

専用は身体を保持するためで、その機能（ロープの耐摩耗性等）が違います。

安全帯は墜落防止の保護具であって、腰道具つり下げ用のベルトではありません。(1)の事例ではカラビナのゲートが開いてフックが外れました。

コードリールが破損して墜落した(2)の事例は、被災者が安全帯に工具掛けなどを取り付けるため、一度解体し正しい取り付けを行わなかったものです（ベルトをコードリールに2箇所のところを1箇所しか通さなかった）。

安全帯等保護具の機能を点検し不良品を取り除くことは作業主任者の職務です（安衛則247条、360条、517条の5.9.13.23、有機則19条の2、酸欠則11条等）。

胴ベルト一本つり専用でのU字つりとカラビナの取り付けなどの改造は、禁止事項であることを、朝礼などで災害事例とともに繰り返し周知してください。

43. 安全帯の安全（3）（フルハーネス）

安全帯の種類は平成14年に規格の改正があり、1種（胴ベルト型：U字つり専用、一本つりU字つり兼用）、2種（フルハーネス型）、3種（垂直面用ハーネス型、傾斜面用ハーネス型）があります。

最も多く使用されている胴ベルト一本つり専用安全帯では、墜落時に人体が安全帯で2つ折りの形でつり下げられ、身体に大きな損傷を与えることがあります。

腰骨より下げた位置に着装すると、墜落時に頭が重いので下になり体が抜け落ち、腰骨より上の位置では、胸部がつり上げられ肋骨が骨折することがあります。

ハーネス型は墜落時には落下傘で降下するような形で人体を保持し、つり位置が背中にあり墜落時の荷重を全身で分割負担するので、胴ベルト型のような欠陥がなく欧米諸国では広く普及しています。

日本で普及しなかったのには、①旧安全帯規格（平成14年改正前）に記載がなく、②価格が胴ベルト型の約2倍で、③着装が少し面倒、④工具袋が取り付けられない、などの理由がありましたが、現在はこれらの問題点は改良が加えられています。

フルハーネス型安全帯を見直してください。

44. 鉄骨建方の隠れた災害

鉄骨建方は木造家屋の上棟にあたり、工事の大きな節目です。

現場担当者にとっては、着工以来不確定要素の多い地下工事と地下躯体を無事に成し遂げ、地上工事になり峠を1つ越えた気持ちになります。

鉄骨工事に係わる死傷者数は、木造と設備を除いた建築工事全体の約1割を占め、その半数は墜落転落です。

鉄骨工事は高所作業が多いことから、建方は綿密な作業計画を行い施工しますが、災害は意外なところからも発生します。

＜事例＞
(1) 地上の架台上で梁鉄骨につり足場と親綱、水平養生ネットを取り付け中に梁が架台から転落し、作業中の鳶工が梁に挟まれた。[H2]

(2) 同様の作業で、梁下に間柱取り付け用仕口があるため、架台をバタ角でかさ上げして梁を乗せ、つり足場を取り付けクレーンに玉掛けする際、手伝おうと被災者が飛び乗ったところ衝撃で梁が転倒し、被災者は梁の下敷きになった。[H2]
(3) 被災者は同僚とともに搬入された小梁5本をまとめクレーンで荷降ろし中、敷きバタ上に降ろす直前に位置を直そうと、鉄骨小梁に手を触れた時、梁と梁の間に手を挟まれた。[H2]

（1）では挟締金具で架台と梁のフランジを締めつけることを怠り、（2）では、梁下部に仕口があったため架台の高さがわずかに足りなかったので、バタ角で高さ調整をしたために挟締金具が使えず、そのまま作業を進めました。

架台の転倒防止策は、架台と梁を固定する、パイプなどで他の梁や地面（杭）などの固定物につなぐなど、種々考えられます。

また、架台ごと転倒する事例もあります。梁を架台中心からず

れた位置でセットし、片側だけにつり足場を取り付け、その上に足場板を積み込んだため片荷となり、被災者が足場板に乗って玉掛けしようとした時、架台ごと転倒しました。

(3)の事例の梁鉄骨をまとめて荷降ろし中の被災では、梁下の取付部材が着地前に敷きバタに当たり、小梁が荷崩れして手を挟まれました。つり荷の誘導中は安易に荷に手を触れず、介錯ロープを使うことです。

また、工場出荷時に小梁を荷崩れしないようにスチールバンド等で結束しておくなどの措置も必要でした。

鉄骨建方は、華やかな建方のほうに関係者の目が向き、裏方的な準備作業には心配りが足らないことがあります。地上の準備作業に専任の作業主任者を別途選任するなどの配慮が望まれます。

作業標準（作業手順書）は、建方だけでなく準備作業も作成して、計画書に鳶工の職長など現場の意見を十分に反映してください。

45. 雨の日の墜落転落

建設業は雨の影響を大きく受け、コンクリート打設日を決める時は天気予報を頼りにします。

鎌倉時代の僧、無住同暁の「沙石集」に「雨の降り、日の照ること、時によりて、得なる事もあり、失なる事もある事、知りぬべし」とあります。

雨や太陽の恵みも、ときには得なこともあり損なこともある。「得失並ばざる事なし」損得五分五分なのですが、建設業に雨は得なことは少なく、さらなる災害発生は損だけが増えることになります。

天候別の公表された災害分類はありませんが、低気圧は人の心に影響を与えるという研究があります。

<事例>
(1) デッキプレートをトラックから荷降ろしするため玉掛け作業中、雨で濡れていたデッキプレートに足を滑らせ転落し、手首を骨折した。[H2]
(2) 雨上がりに、アースドリルを解体しようと、ベースマシーンとオーガーをつないでいる部分のピンを抜くためにステップを昇っている途中で、足を滑らせ7m墜落した。[H2・H3]
(3) 雨天に盛土材のストックヤードでドラッグショベルを運転後、降りようとしてステップを踏み外し、地面に転落した。[H2]

雨の日に道路上のマンホールの蓋などの金属の上で、自転車のタイヤやゴム底の靴が滑りヒヤリとしたことがあります。

自動車のタイヤの溝が水を排除しきれなくなり、タイヤの溝と

路面との間に水膜が入り込み、タイヤが浮き上がって運転操作ができなくなる状態をハイドロ・プレーニング（アクア・プレーニング）現象といい、強い雨の日の道路走行は速度を落とさないと危険です。

同様に、3つの事例とも靴と平滑な床面の間に水が介在し、小規模のハイドロ・プレーニングが発生したものと思われます。また、摩耗した靴底はとくにすべりやすいのです。

(1)のデッキプレートの事例では、輸送中荷台にシートを掛けなかったために、デッキプレートが雨で濡れて滑りやすい状態だったと思われます。

(2)のアースドリル解体の事例では、慣れた作業のため安全帯の親綱も未設置です。アースドリルでは親綱や安全帯のランヤードが機械に巻き込まれる災害があり、このような作業では高所作業車の使用が最適です。

また、職長の「濡れているから滑るぞ」「足元に気をつけろ」の一言がヒューマン・エラーを防ぐ大きな効果をもたらすことがあります。

(3)で雨の日にドラッグショベルを動かしたのは、よほど緊急のことと思います。季節は11月です。雨に濡れた冷たい手すりにつかまるのを避けたことが、経験25年のベテランオペレーターの間違いでした。類似災害が最近多く発生しています。

第3章

まとめ
［ヒューマン・エラーの防止と分類］

1. ヒューマン・エラーの防止

ヒューマン・エラーの決定的な防止対策はありませんが、誤りを少しでも減らすことへの継続した努力が必要です。そんな防止のための方策を5つ挙げました。

1. 「人は誰でも誤りをおかすものである」ことの認識と対応
2. 「自分の身は自分で守る」ことの大切さの理解
3. 組織として働く場の安全文化の構築と積極的支援
4. 自らの仕事と労働安全に関する知識（法令の理解とも）の習得
5. 社会や仲間とのコミュニケーションの必要性

ヒューマン・エラーは単に作業者の間違いとするのではなく、社会や組織の問題として広義に捉える必要があります。ヒューマン・ファクターの考え方です。

2. ヒューマン・エラーの分類

ヒューマン・エラーを研究する手段の1つに分類があり、航空・鉄道・電力の分野では優れた分類と分析手法を確立しています。

(社)日本建設業団体連合会（日建連）の建設労務安全研究会は、災害事例150件を分析し、建設業の人的欠陥に基づくヒューマン・エラーを表のような9つの要因に分類しました（1996年）。

この分類方法に基づいて、本書の第2章「ヒューマン・エラーを防ぐために」では、災害事例に分類結果を付けてありますので参考にして下さい。

同研究会の調査では、H1～H3が83.4％で、ヒューマン・エラーを防ぐには、この3要因と今後増加が予測されるH7への対策が大

切としています。

建設業のヒューマン・エラーの人的要因

	ヒューマン・エラーの要因	構成比(%)
H1	無知、未経験、経験不足、教育不足 （生兵法はケガのもと）	13.2
H2	危険軽視、慣れ、悪習慣、安易、集団欠陥 （弘法にも筆の誤り。猿も木から落ちる）	51.1
H3	近道本能、省略本能、能率本能 （急がば回れ。最小エネルギーの原則で行動）	19.1
H4	場面行動本能 （木を見て森を見ず）	2.4
H5	緊急時の驚愕反応状態、パニック状態 （せいては事をし損じる）	1.3
H6	外的原因の錯覚、内的原因の錯覚 （あばたもえくぼ。恋は盲目）	3.8
H7	中高年の機能低下 （古い袋はあちこちほころびを直さなければならない）	3.1
H8	疾病、疲労、体質、酒酔い、その他有機溶剤等による中毒等 （飲んだら乗るな、飲むなら乗るな）	0.7
H9	単調反復動作による意識低下 （仏の顔も三度）	5.3

注）「建設業におけるヒューマンエラー防止対策事例集」（(社)日本建設業団体連合会編、建設労務安全研究会作成、労働新聞社）
「ヒューマンエラーの心理学」（大山　正、丸山康則編、麗澤大学出版会）

あとがき

　この本は、1996年に出版した「ストップ ザ・ヒューマン・エラー100」とは別の視点から、ヒューマン・エラーについて新たに書いたものです。旧著を所々に載せてあります。

　第1章は日刊建設通信新聞「建設論評」の担当部分から、第2章は建設労務安全誌（労働調査会）に連載している「災害事例とヒューマン・エラー」から、広くヒューマン・エラーにかかわる安全知識として、必要と思うところをまとめました。

　ヒューマン・エラーに対する社会の捉え方は、この10年で大きく変化してきました。

　新幹線トンネルのコンクリート剥離落下（99）、東海村ウラン加工施設の臨界事故（99）、乳業メーカーの食中毒（00）、大手自動車会社クレーム隠し（00）、航空管制管便名取り違えによるニアミス（01）、大手銀行統合時のシステム障害（02）、製鉄・タイヤ・石油大企業工場の爆発・火災連続発生（03）、六本木ヒルズ大型回転ドアはさまれ死亡事故（04）、美浜原発3号機配管破裂（04）、福知山線脱線事故（05）、航空会社連続不祥事（05）、耐震偽装と見抜けなかった検査機関（05）……などヒューマン・エラーに関係があったと思われる大事件が次々と発生しました。

　発生理由は、熟練技術者・技能者の大量リタイアやリストラと称する大量解雇、技術伝承の仕組みがない、利益優先の経営などがいわれますが、社会の早い変化に古い体質の企業・組織が追従できなかったのです。

労働安全は個人の注意努力だけでは達成できず、行政や企業・組織トップの人間尊重の思想が不可欠です。
　そこには企業・組織に永続的な安全文化の存在が必要であり、それは、いまの日本社会に最も欠如しているものです。
　多くの会社・組織に安全文化が育ち、ヒューマン・エラーが減少することを願っています。

MEMO

MEMO

MEMO

著者紹介

笠原 秀樹（かさはら ひでき）

1962年　日本大学理工学部建築学科卒業

鹿島建設（株）建設総事業本部 東京支店 工事事務所長、安全環境部長を経て、特定非営利活動法人建築技術支援協会所属。一級建築士、労働安全コンサルタント（建築）。日本建築学会会員、日本人間工学会会員

［主な著書］
『ストップ ザ・ヒューマン・エラー100（ある建設現場所長の覚書き）』
『これだけは知っておきたい 現場所長の安全心得60カ条』
いずれも鹿島出版会

ヒューマン・エラーとのつきあいかた
建設現場の災害事例から学ぶ

2007年4月20日　発行Ⓒ

著　者	笠　原　秀　樹
発行者	鹿　島　光　一

発行所　〒100-6006 東京都千代田区霞が関三丁目2番5号　　鹿島出版会

Tel 03 (5510) 5400　振替00160-2-180883

無断転載を禁じます。
落丁・乱丁本はお取替えいたします。

DTP：開成堂印刷　　印刷・製本：創栄図書印刷
ISBN 978-4-306-01147-2　C3052　　Printed in Japan

本書の内容に関するご意見・ご感想は下記までお寄せください。
URL：http://www.kajima-publishing.co.jp
E-mail：info@kajima-publishing.co.jp

重版出来！

ストップ ザ・ヒューマン・エラー 100
〈ある建設現場所長の覚書き〉

労働安全コンサルタント
笠原秀樹 著

建設現場で長年実務に携わってきた著者が、数多くの災害事例や関連資料からヒューマン・エラーに関わる話を100題集め、イラストを挿入しながら簡潔に読みやすくまとめた書。現場の安全訓話のネタ本としても好評！

◎B6判・一四四頁　◎定価（本体一八〇〇円＋税）

鹿島出版会刊